Pandas
入门与实战应用
基于Python的数据分析与处理

周峰　周俊庆 / 编著

电子工业出版社
Publishing House of Electronics Industry
北京·BEIJING

内 容 简 介

本书首先系统讲解 Pandas 快速入门的基础知识，如 Pandas 的定义、优势、开发环境配置、常用的数据结构等；然后通过实例介绍 Pandas 数据的导入、导出、查看、清洗、合并、对比、预处理等基本操作；接着讲解 Pandas 数据的提取、筛选、聚合函数、分组、透视、统计及可视化等操作；最后讲解 Pandas 数据的机器学习和时间序列的知识。

在本书的讲解过程中既考虑读者的学习习惯，又通过具体实例剖析 Pandas 实战应用中的热点问题、关键问题及种种难题。

本书适合对数据分析有浓厚兴趣但不知如何下手的初学者，也适合 Python 和 Pandas 爱好者，更适合培训机构的师生、数据分析爱好者、数据分析从业人员阅读研究，是一本难得的系统学习 Pandas 的入门书。

图书在版编目（CIP）数据

Pandas 入门与实战应用：基于 Python 的数据分析与处理 / 周峰，周俊庆编著. —北京：电子工业出版社，2022.8

ISBN 978-7-121-44070-0

Ⅰ. ①P⋯　Ⅱ. ①周⋯　②周⋯　Ⅲ. ①软件工具－程序设计　Ⅳ. ①TP311.561

中国版本图书馆 CIP 数据核字（2022）第 135835 号

责任编辑：刘　博
印　　刷：三河市龙林印务有限公司
装　　订：三河市龙林印务有限公司
出版发行：电子工业出版社
　　　　　北京市海淀区万寿路 173 信箱　　　邮编：100036
开　　本：720×1000　1/16　印张：24.25　字数：388 千字
版　　次：2022 年 8 月第 1 版
印　　次：2022 年 8 月第 1 次印刷
定　　价：89.00 元

前　　言

在大数据时代，数据分析是每个职场人士的必备技能。在数据分析领域，Python 语言以其简单易用，并提供了优秀、好用的第三方库和数据分析的完整框架而深受数据分析人员的青睐。可以说，Python 已经当仁不让地成为了数据分析人员的一把"利器"。程序员想要进入数据分析行业，就要掌握 Python 数据分析技术，只有这样才能在严峻的就业市场中具有较强的竞争力。

Pandas 是 Python 的核心数据分析支持库，提供了快速、灵活、明确的数据结构，目的在于简单、直观地处理关系型或标记型数据。Pandas 的目标是成为 Python 数据分析实战必备的高级工具，其长远目标是成为最强大、最灵活，可以支持任何语言的开源数据分析工具。

本书结构

本书共 14 章，具体章节安排如下。

- ❏ 第 1 章和第 2 章：讲解 Pandas 的基础知识和常用数据结构，如 Pandas 的定义、优势，Anaconda 的下载和安装，Jupyter Notebook 界面的基本操作，Python 的数据结构，NumPy 的数据结构和 Pandas 的数据结构。

- ❏ 第 3~6 章：讲解 Pandas 数据分析之前的准备，即 Pandas 数据的导入、导出、查看、清洗、合并、对比和预处理。

- ❏ 第 7~12 章：讲解 Pandas 数据的提取、筛选、聚合函数、分组、透视、统计和可视化。

- ❏ 第 13 章和第 14 章：讲解 Pandas 数据的机器学习算法和 Pandas 的时间序列数据。

本书特色

本书的特色归纳如下。

❑ 实用性：首先着眼于 Pandas 实战应用，然后探讨深层次的技巧问题。

❑ 详尽的实例：每一章都附有大量的实例，通过这些实例介绍知识点。每个实例都是编者精心选择的，读者反复练习，举一反三，就可以真正掌握 Pandas 实战技巧，达到学以致用的目的。

❑ 全面性：包含了 Pandas 应用的所有知识，即 Pandas 的基础知识、常用数据结构，Pandas 数据的导入、导出、查看、清洗、合并、对比、预处理、提取、筛选、聚合函数、分组、透视、统计、可视化、机器学习算法，Pandas 的时间序列数据等。

❑ 生动性：在内容表现上，为了能够让读者在学习知识时不至过于枯燥，采用了大量的图表，使整本书的风格生动、形象。

创作团队

本书由周峰、周俊庆编写，其他人员对本书的编写提出了宝贵意见并参与了部分内容的编写工作，他们是周凤礼、陈宣各、周令、张新义、王征、张瑞丽等。

由于时间仓促，加之水平有限，书中的缺点和不足之处在所难免，敬请读者批评指正。

编者

2022.7.18

本书代码下载页面入口：http://www.broadview.com.cn/44070

目　　录

第 1 章

Pandas 快速入门

Pandas 是 Python 数据分析的利器，也是各种数据建模的基本工具。Pandas 最初被应用于金融量化交易领域，现在它的应用领域更加广泛，涵盖了工业、农业、交通等许多行业。

本章主要内容包括：

✓ 什么是 Pandas。

✓ Pandas 的主要数据结构及优势。

✓ Python 概述。

✓ Anaconda 概述、下载及安装。

✓ Jupyter Notebook 的启动和工作原理。

✓ Jupyter Notebook 的主界面。

✓ Jupyter Notebook 的编辑页面。

✓ Jupyter Notebook 的文件操作。

✓ 实例：第一个 Pandas 数据处理程序。

1.1 初识Pandas

Pandas 是 Python 语言的一个第三方扩展库，常常用于数据分析。下面来看一下什么是 Pandas、Pandas 的主要数据结构及 Pandas 的优势。

1.1.1 什么是 Pandas

Pandas 是 Python 基于 NumPy 和 Matplotlib 的第三方数据分析库，与后两者一起构成了 Python 数据分析的基础工具程序包，有 Python 数据分析"三剑客"之称。

1.1.2 Pandas 的主要数据结构

Pandas 的主要数据结构有两种，分别是 Series 与 DataFrame。

Series 是一维数组，与 NumPy 中的一维 Array 类似。二者与 Python 的基本数据结构 List 也很相近，其区别是：List 中可以存储不同的数据类型，而 Array 和 Series 中只允许存储相同的数据类型，这样可以更有效地使用内存，提高运算效率。

DataFrame 是二维数组，非常接近 Excel 电子表格或者类似 MySQL 数据库的形式。它的竖行称为列（columns），横行称为行（index），也就是说数据的位置是通过 columns 和 index 来确定的。可以将 DataFrame 理解为 Series 的容器。

这两种数据结构可以处理金融、统计、社会科学、工程等领域里的绝大多数数据。

1.1.3 Pandas 的优势

Pandas 主要面向数据处理与分析，其优势主要表现在 7 个方面，具体如下。

（1）相比 NumPy 仅支持数字索引，Pandas 的两种数据结构均支持标签索引，所以 Pandas 具有便捷的数据读写操作功能。

（2）类比 SQL 的 join 和 groupby 功能，Pandas 可以很容易实现这两个核心功能，实际上，SQL 的绝大部分操作在 Pandas 中都可以实现。

（3）类比 Excel 的数据透视表功能，Excel 中最为强大的数据分析工具之一是数据透视表，这在 Pandas 中也可轻松实现。

（4）自带正则表达式的字符串向量化操作，可以对 Pandas 中的一列字符串进行函数操作。

（5）Pandas 具有丰富的时间序列向量化处理接口。

（6）Pandas 具有常用的数据分析与统计功能，包括基本统计量、分组统计分析等。

（7）Pandas 集成 Matplotlib 的常用可视化接口，无论是 Series 还是 DataFrame，均支持面向对象的绘图接口。

正是基于这些强大的数据分析与处理能力，Pandas 还有数据处理"瑞士军刀"的美称。

1.2　Pandas开发环境配置

要利用 Pandas 进行数据处理与分析，就要先配置其开发环境，下面进行具体讲解。

1.2.1　Python 概述

Python 已经成为最受欢迎的程序设计语言之一。2011 年 1 月，它被"TIOBE 编程语言排行榜"评为 2010 年度语言。自 2004 年以来，Python 的使用率呈线性增长。

由于 Python 语言的简洁性、易读性及可扩展性，在国外用 Python 做科学计算的研究机构日益增多，一些知名大学已经采用 Python 来教授"程序设计"

课程。例如，卡耐基梅隆大学的"编程基础"、麻省理工学院的"计算机科学及编程导论"就使用 Python 语言进行讲授。众多开源的科学计算软件包都提供了 Python 的调用接口，例如，著名的计算机视觉库 OpenCV、三维可视化库 VTK、医学图像处理库 ITK。而 Python 专用的科学计算扩展库就更多了，例如，以下 3 个十分经典的科学计算扩展库：NumPy、SciPy 和 Matplotlib，它们分别为 Python 提供了快速数组处理、数值运算及绘图功能。Python 语言及其众多的扩展库所构成的开发环境十分适合工程技术、科研人员处理实验数据，制作图表，甚至开发科学计算应用程序。

Python 具有 10 项十分鲜明的特点，具体如下。

（1）易于学习。Python 有较少的关键字，结构简单，同时拥有一个明确定义的语法，学习起来更加容易。

（2）易于阅读。Python 代码定义清晰，易于阅读理解。

（3）易于维护。Python 的成功在于它的源代码是十分容易维护的。

（4）广泛的标准库。Python 的优势之一是具有丰富的库，并且是跨操作系统的，在 UNIX、Windows 和 macOS 操作系统中兼容性很好。

（5）互动模式。通过互动模式的支持，用户可以从终端输入执行代码并获得程序运行结果，互动地测试和调试代码片段。

（6）可移植性。基于其开放源代码的特性，Python 已经被移植（也就是使其工作）到许多平台。

（7）可扩展性。如果需要一段运行很快的关键代码，或者是想要编写一些不愿开放的程序，我们可以使用 C/C++完成那部分程序，然后从 Python 程序中调用。

（8）广泛的数据库接口。Python 提供所有主要的商业数据库接口。

（9）支持 GUI 编程。Python 支持 GUI 编程，并可以创建和移植到许多系统中。

（10）可嵌入性。可以将 Python 嵌入 C/C++程序，让用户获得"脚本化"的能力。

1.2.2　Anaconda 概述

标准的 Python 发行版本并没有把 NumPy、Pandas 和 Matplotlib 等第三方库捆绑在一起发布。所以，安装 Python 之后，如果要使用第三方库，需要再安装它们。Python 提供了安装方法，即利用 pip 来安装，安装 Pandas 的代码如下。

```
pip install pandas
```

提醒：安装第三方库，需要先连接第三方库所在的网站地址，然后进行安装，安装过程比较耗时，有时还不能成功安装。需要注意的是，Python 的第三方库很多，有的还很大，有时安装起来很不友好。

安装 Pandas 的最简单、最实用的方法是将其作为 Anaconda 发行版本的一部分进行安装，即安装 Anaconda 即可。

Anaconda 是一个开源的 Python 发行版本，它包括 Conda、Python 等 180 多个科学包及其依赖环境。

1.2.3　Anaconda 的下载

Anaconda 在三大主流操作系统（Windows、Linux 和 macOS）中都可以使用。在这里只讲解 Anaconda 在 Windows 操作系统中下载和安装的方法。

进入 Anaconda 官网首页，如图 1.1 所示。单击导航栏中的"Products"菜单命令，弹出下一级子菜单，然后单击"Individual Edition"命令进入 Anaconda 下载页面，如图 1.2 所示。

单击"Download"按钮，下载 64 位 Windows 操作系统下的 Anaconda 安装版本。如果要下载其他操作系统下的 Anaconda，只须单击其对应的图标。在这里单击苹果图标，就可以看到三大操作系统相对应的下载文件，如图 1.3 所示。

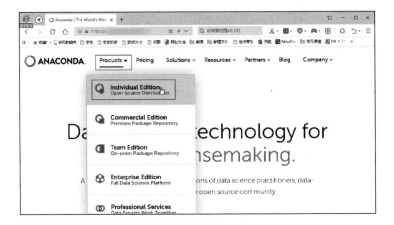

图 1.1　Anaconda 官网首页

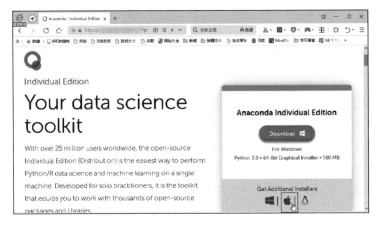

图 1.2　Anaconda 下载页面

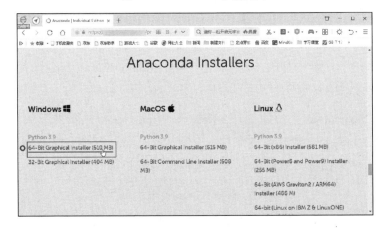

图 1.3　三大操作系统相对应的下载文件

在这里单击 Windows 操作系统下的"64-Bit Graphical Installer (510 MB)"链接，就会弹出"新建下载任务"对话框，如图 1.4 所示。

图 1.4　"新建下载任务"对话框

单击"下载"按钮，会弹出下载提示对话框，如图 1.5 所示。

图 1.5　下载提示对话框

下载完成后，就可以在桌面（图 1.4 中的文件保存位置）看到 Anaconda 安装文件，如图 1.6 所示。

图 1.6　Anaconda 安装文件

1.2.4　Anaconda 的安装

Anaconda 安装文件下载成功后，双击桌面上的安装文件，弹出 Anaconda 安装向导对话框，如图 1.7 所示。

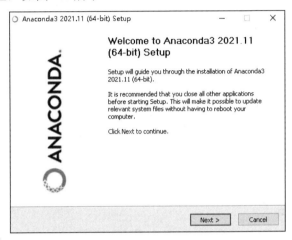

图 1.7　Anaconda 安装向导对话框

单击"Next"按钮，可以看到协议许可信息，如图 1.8 所示。

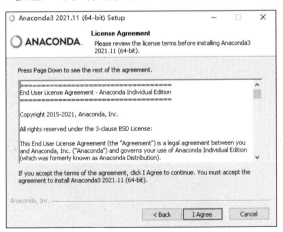

图 1.8　Anaconda 协议许可信息

单击"I Agree"按钮，即"我同意协议信息"，就可以进入选择安装用户信息页面，如图 1.9 所示。

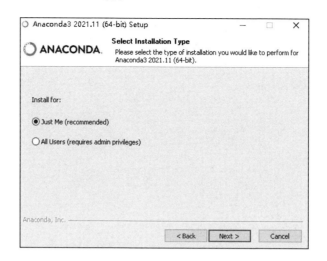

图 1.9　选择安装用户信息

如果您的计算机有多个用户（Users），就选择"All Users"选项；如果您的计算机只有一个用户，就选择"Just Me"选项，在这里选择"Just Me"。

选定安装用户信息后，单击"Next"按钮，可以选择安装目录，在这里选择安装目录为"D:\anaconda3"，如图 1.10 所示。

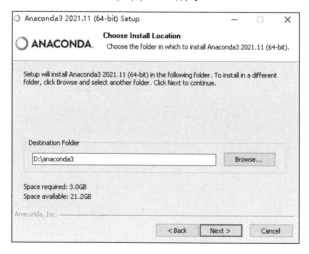

图 1.10　选择安装目录

选择安装目录后，单击"Next"按钮，可以进行高级选项设置，即选择是否安装环境变量和 Python 3.9，在这里选择两项都安装，选中这两项前面的复选框，如图 1.11 所示。

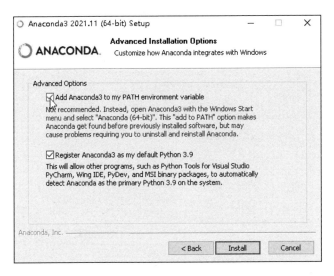

图 1.11　高级选项设置

高级选项设置完成后，单击"Next"按钮，开始安装 Anaconda，并显示安装进度，如图 1.12 所示。

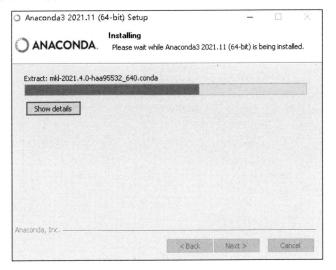

图 1.12　开始安装 Anaconda

Anaconda 安装完成后，单击"Next"按钮，可以看到 Anaconda 安装完成提示对话框，如图 1.13 所示。

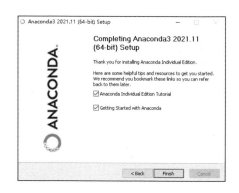

图 1.13　Anaconda 安装完成提示对话框

单击"Finish"按钮，完成安装。

1.2.5　Jupyter Notebook 概述

要利用 Pandas 进行数据处理与分析，Jupyter Notebook 应该是首先要知道并会使用的工具软件。由于该软件很容易上手，并且使用起来很方便，因此对刚刚学习 Pandas 的新手是很友好的工具。

Jupyter Notebook 是一种网络（Web）应用，其能让我们将说明文本、编程代码、数学公式、可视化内容全部组合到一个便于共享的文档中。将一切集中到一处，可以使用户一目了然。

总之，Jupyter Notebook 特别适合应用于数据处理与分析，其用途主要包括数据清理、可视化、机器学习和大数据分析。

1. 启动 Jupyter Notebook

Anaconda 安装成功后，就自动安装了 Jupyter Notebook。单击桌面左下角的"开始"按钮，弹出"开始"菜单，单击"Anaconda3（64-bit）"文件夹，可以看到刚安装的"Jupyter Notebook（anaconda3）"选项，如图 1.14 所示。

图 1.14　开始菜单

单击"Jupyter Notebook（anaconda3）"选项，打开 Jupyter Notebook 软件，如图 1.15 所示。

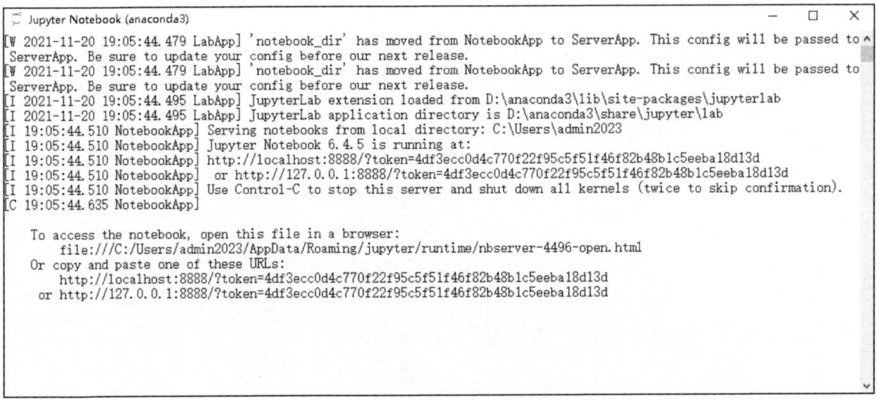

图 1.15　Jupyter Notebook 软件

打开 Jupyter Notebook 软件后，就会自动连接 Notebook 服务器，可以看到 Jupyter Notebook 的网络（Web）页面，如图 1.16 所示。

图 1.16　Jupyter Notebook 的网络（Web）页面

2. Jupyter Notebook 的工作原理

Jupyter Notebook 起源于 Fernando Perez 发起的 IPython 项目。IPython 是一种交互式集成开发环境，与我们安装的 Python 集成开发环境一样，但 IPython 功能更强大。Jupyter Notebook 将 IPython 项目做成一种网络应用，其基本架构如图 1.17 所示。

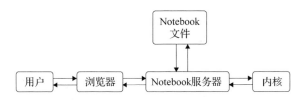

图 1.17　Jupyter Notebook 基本架构

通过 Jupyter Notebook 基本架构可以看出 Notebook 服务器是核心。用户首先利用 Web 应用中心（浏览器）编写 Python 代码，然后通过 Notebook 服务器发送给内核，这样内核就可以运行用户编写的 Python 代码，并将运行结果发送到 Notebook 服务器，Notebook 服务器再通过浏览器把结果显示给用户。

1.3　Jupyter Notebook界面的基本操作

单击桌面左下角的"开始"按钮，在弹出的"开始"菜单中单击"Anaconda3（64-bit）/Jupyter Notebook（anaconda3）"命令，进入 Jupyter Notebook 主界面，如图 1.18 所示。

图 1.18　Jupyter Notebook 主界面

1.3.1　Jupyter Notebook 的主界面

Jupyter Notebook 的主界面包括 3 个选项，分别是 Files（文件）、Running（正在运行的 Notebook）和 Clusters（群集）。

（1）Files。"Files"选项使用最多也最重要，利用该选项可以新建 Python3 文件、文本文件、文件夹、系统终端等。

（2）Running。单击"Running"选项，可以看到正在运行的 Notebook 项目，也可以关闭正在运行的程序，如图 1.19 所示。

图 1.19　正在运行的 Notebook 项目

（3）Clusters。"Clusters"选项现在已由 IPython parallel 对接，用得很少。

1.3.2　Jupyter Notebook 的编辑页面

单击"Files"选项，再单击界面右边的"New"按钮，在弹出的菜单中单击"Python3"选项，新建一个 Python3 文件，即创建一个 Notebook 项目，进入 Jupyter Notebook 的编辑页面，如图 1.20 所示。

Jupyter Notebook 的编辑页面由 4 部分组成，分别是文件名称、菜单栏、工具栏和单元（Cell）。

1. 文件名称

新建 Python3 文件，默认名称为"Untitled"。单击菜单栏中的"File/Save As"命令，就会弹出"Save As"对话框，如图 1.21 所示。

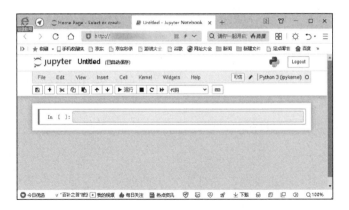

图 1.20　Jupyter Notebook 的编辑页面

图 1.21　"Save As"对话框

在这里设置文件名称为"Pandas 数据分析",然后单击"Save"按钮,就成功修改了文件名称,如图 1.22 所示。

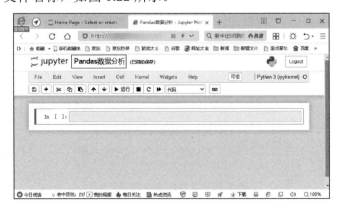

图 1.22　成功修改文件名称

2. 菜单栏

菜单栏中有 8 个选项,分别是 File、Edit、View、Insert、Cell、Kernel、Widgets 和 Help。下面对各个选项做简要介绍。

（1）File 选项：主要是对文件进行操作，包括新建、打开、保存、打印、下载文件等。

（2）Edit 选项：主要是对单元进行编辑操作，包括剪切、复制、粘贴、删除单元等。

（3）View 选项：主要是对编辑界面是否显示文件名称、工具栏等进行设置。

（4）Insert 选项：主要是在当前单元上面或下面添加新的单元。

（5）Cell 选项：主要是运行单元代码。

（6）Kernel 选项：主要是对内核进行操作，包括内核的中断、连接、切换等。

（7）Widgets 选项：主要是对控件进行操作，包括控件的下载、保存、清理等。

（8）Help 选项：主要是为用户提供使用指南、快捷键大全等。

3. 工具栏

工具栏中的功能利用菜单都可以实现，但为了实现更快捷的操作，可以将一些常用操作按钮在工具栏显示出来。工具栏中各按钮功能如图 1.23 所示。

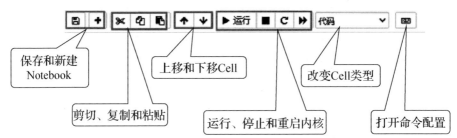

图 1.23　工具栏中各按钮功能

4. 单元

在单元中可以编写 Python3 代码。Jupyter Notebook 中的单元有两种模式，分别是编辑模式（Edit Mode）和命令模式（Command Mode）。在编辑模式下，右上角会出现铅笔图标，单元左侧边框线呈现绿色，如图 1.24 所示。

图 1.24　编辑模式

在编辑模式下，按下键盘的"Esc"键，单击工具栏上的"运行"按钮（快捷键：Ctrl+Enter）可切换回命令模式。在命令模式下，右上角的铅笔图标不见了，单元左侧边框线呈现蓝色，如图 1.25 所示。

图 1.25　命令模式

单元类型有 4 种，分别是代码、Markdown、原生 NBConvert 及标题，如图 1.26 所示。

图 1.26　单元类型

（1）代码：用来编写 Python 代码。

（2）Markdown：用来编辑文本。

（3）原生 NBConvert：如果将单元设置为该类型，则该单元中的文字或代码等都不会被运行。

（4）标题：用于设置单元标题。

如果单元类型是代码，则有 3 种提示信息，具体如下。

（1）In[ ]：中括号中没有任何内容，表示程序未运行。

（2）In[数字]：中括号中有数字，表示程序已运行。

（3）In[*]：中括号中有星号（*），表示程序正在运行。

1.3.3　Jupyter Notebook 的文件操作

创建"Pandas 数据分析"文件后，可以在主页面中看到该文件，选中该文件前面的复选框，如图 1.27 所示。

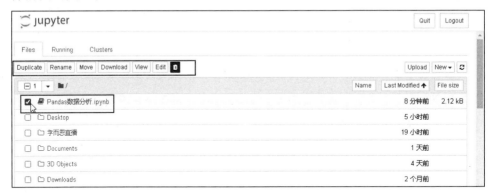

图 1.27　选中文件

选中文件后，就可以看到文件操作的各种按钮。下面具体讲解主要按钮的功能。

（1）Duplicate。Duplicate 表示复制，单击该按钮会弹出"制作副本"对话框，如图 1.28 所示。

图 1.28　"制作副本"对话框

单击"制作副本"按钮，就可以成功复制文件。

（2）Rename。Rename 表示重命名，选中前面刚复制的文件，单击该按钮，会弹出"重命名笔记本"对话框，如图 1.29 所示。

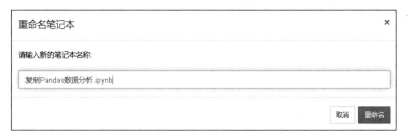

图 1.29　"重命名笔记本"对话框

在这里设置重命名为"复制 Pandas 数据分析"，单击"重命名"按钮就可以重命名文件。

（3）Move。Move 表示移动，选中要移动的文件，单击该按钮，会弹出"移动一个文件"对话框，如图 1.30 所示。

图 1.30　"移动一个文件"对话框

输入要移动到新位置的路径，然后单击"移动"按钮即可。

（4）Download。Download 表示下载，选中要下载的文件，单击该按钮，会弹出"新建下载任务"对话框，如图 1.31 所示。

图 1.31　"新建下载任务"对话框

单击"下载"按钮，就可以下载该文件。

如果要删除某文件，单击 ▣ 按钮，就会弹出"删除"对话框，如图 1.32 所示，单击"删除"按钮即可删除文件。

图 1.32　"删除"对话框

1.4　实例：第一个Pandas数据处理程序

单击桌面左下角的"开始"按钮，在弹出的菜单中单击"Anaconda3（64-bit）/ Jupyter Notebook（anaconda3）"命令，打开 Jupyter Notebook 程序。

在菜单栏中单击"Files"选项，再单击界面右边的"New"按钮，弹出下一级子菜单，如图 1.33 所示。

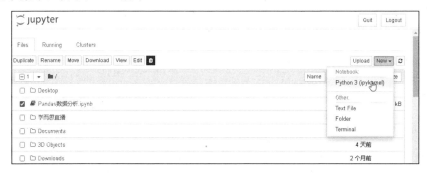

图 1.33　下一级子菜单

在下一级子菜单中，单击"Python3"选项，创建 Python 代码文档，在单元中输入如下代码。

```
import pandas as pd
data = {'姓名': '赵杰', '年龄': 19, '年级': '大一','学习成绩':'优'}
mya = pd.Series(data)
print("利用字典创建系列:\n",mya)
```

首先导入 Pandas 库，命名为 pd；然后定义变量 data，为该变量赋值字典数据；接着定义变量 mya，并赋值为 Pandas 的一维数组 Series，注意，一维数组数据为字典变量 data 的值；最后利用 print()函数显示变量 mya 的值。

单击工具栏中的"运行"按钮或菜单栏中的"Cell/Run Cell and Select Below"命令，可以看到代码运行结果如图 1.34 所示。

图 1.34　代码运行结果

保存文件后，单击菜单栏中的"File/Save As"命令，就会弹出"Save As"对话框，如图 1.35 所示。

图 1.35　"Save As"对话框

在这里设置文件名称为"第一个 Pandas 数据处理程序"，然后单击"Save"按钮即可。

第 2 章

Pandas 常用的数据结构

数据结构是计算机程序设计的基础。运用合理的数据结构去描述问题，能够缩短程序代码、简化程序结构，便于程序维护。

本章主要内容包括：

- ✓ 什么是数据及数据处理。
- ✓ 什么是信息和数据结构。
- ✓ 数值型和字符串型应用实例。
- ✓ 列表和元组应用实例。
- ✓ 字典和集合应用实例。
- ✓ NumPy 数组的创建。
- ✓ NumPy 特殊数组和序列数组。
- ✓ NumPy 数组运算和矩阵。
- ✓ 两个数组的点积和两个向量的点积。
- ✓ 数组的向量内积。
- ✓ 矩阵的行列式和逆。
- ✓ 一维数组系列应用实例。
- ✓ 二维数组应用实例。

2.1　初识数据结构

下面详细介绍数据结构的基础知识，包括数据、数据处理、信息及数据结构。

2.1.1　什么是数据及数据处理

数据（Data）是反映客观事物属性的记录，是信息的载体，是数据库中存储的基本对象。数据不仅包括数字、字母、文字及其他特殊符号，还包括图形、图像、影像、声音等多媒体形式。数据的表现形式虽然很多，但是它们都可以经过数字化处理后存入计算机中。

数据处理是指将数据转换成信息的过程。从数据处理角度而言，信息是一种被加工成特定形式的数据，这种数据形式对于数据接收者来说是有意义的。

2.1.2　什么是信息

信息（Information）是客观事物属性的反映。它反映的是关于客观系统中某一事物的某一方面属性或某一时刻的表现形式。通俗地讲，信息是经过加工处理并对人类客观行为产生影响的事物属性的表现形式。

数据与信息在概念上是有区别的，从信息处理的角度来看，任何事物的属性都是通过数据来表示的，数据经过加工处理后，便具有了知识性并对人类活动产生决策作用，从而形成信息。而从计算机的角度来看，数据泛指那些可以被接受并能够被计算机识别处理的符号。

信息是数据的内涵，数据是信息的载体。同一条信息可以有不同的数据表示形式，同一个数据也可以有不同的解释。

2.1.3　什么是数据结构

数据结构是指计算机存储数据、组织数据的方式，即相互之间存在一种或多种特定关系的数据元素的集合。

数据结构包括 3 部分，分别是数据的逻辑结构、数据的存储结构和数据的运算结构。

（1）数据的逻辑结构是指计算机中存储数据元素之间的逻辑关系，与它们在计算机中的存储位置无关。数据的逻辑结构主要有 4 种，分别是集合结构、线性结构、树状结构和网络结构。

（2）数据的存储结构又称数据的物理结构，是指数据存储在计算机中的方式，包括顺序、链接、索引、散列等多种。一种数据结构可表示成一种或多种存储结构。

（3）数据的运算结构是对数据类型的基本运算，例如，对数值型数据的运算有加、减、乘、除等，对字符串型数据的运算有初始化、比较、查找和替换等。

2.2　Python的数据结构

Python 的数据结构主要有 6 种类型，分别是数值型、字符串型、列表、元组、字典和集合，下面通过具体实例对各类型数据结构进行讲解。

2.2.1　数值型应用实例

在 Python 中，数值型数据包括 3 种，分别是整型、浮点型和复数。

1. 整型

整型通常被称为整数，包括正整数和负整数，不带小数点。Python3 中的整型是没有大小限制的，可以当作长整型（Long）使用，所以 Python3 没有 Python2 的长整型类型，可以使用十六进制和八进制来代表整数。

八进制是指在数学中一种逢 8 进 1 的进位制。在 Python 中，八进制用 0o（一个阿拉伯数字 0 加上一个小写英文字母 o）来表示，例如，0o24 表示 20，即 8×2＋4=20。

十六进制是指在数学中一种逢 16 进 1 的进位制。一般用阿拉伯数字 0 到 9 和英文字母 A 到 F（或 a～f）表示，其中，A～F 表示 10～15，这些称作十六进制数字。十六进制用 0x（一个阿拉伯数字 0 加上一个小写英文字母 x）来表示，例如，0x12 表示 18，即 16×1＋2=18。

2. 浮点型

浮点型由整数部分与小数部分组成，浮点型也可以使用科学计数法表示（如 $2.5E+03 = 2.5×10^3 = 2500$）。

3. 复数

复数由实数部分和虚数部分组成，可以用 a+bj 或者 complex(a,b)表示，复数的实部 a 和虚部 b 都是浮点型。

有时候，我们需要对数值型数据进行转换，数值型数据的转换只需要将数值型数据作为函数名即可，具体如下。

（1）int(x)：将 x 转换为一个整数。

（2）float(x)：将 x 转换为一个浮点数。

（3）complex(x)：将 x 转换为一个复数，其中实数部分为 x，虚数部分为 0。

（4）complex(x,y)：将 x 和 y 转换为一个复数，其中实数部分为 x，虚数部分为 y。

下面通过具体实例讲解数值型数据的应用方法。

打开 Jupyter Notebook，新建 Python 代码文档，在单元中输入如下代码。

```
a1 = 128                #整型变量
a2 = -253               #整型变量
a3 = 0o56               #八进制整型变量
a4 = -0x94              #十六进制整型变量
a5 = -86.26             #浮点型变量
a6 = 6.4E+8             #浮点型变量用科学计数法表示
a7 = 8+9j               #复数变量
                        #显示各变量的值
```

```
print("整型变量a1: ",a1)
print("整型变量a2: ",a2)
print("八进制整型变量a3: ",a3)
print("十六进制整型变量a4: ",a4)
print("浮点型变量a5:",a5)
print("浮点型变量a6:",a6)
print("复数变量a7:",a7)
print()                         #换行
                                #数据类型的转换
print("把整型变量a1转化为浮点型变量: ",float(a1))
print("把浮点型变量a6转化为整型变量: ",int(a6))
print("把整型变量a2转化为复数: ",complex(a2))
print("把整型变量a1和浮点型变量a6转化为复数: ",complex(a1,a6))
```

这里首先定义了 7 个变量 a1~a7，然后利用 print()函数来显示变量的值。需要注意，变量与常量之间用逗号分开；在 Python 中，"#"表示注释。

单击工具栏中的"运行"按钮，可以看到数值型数据的应用效果如图 2.1 所示。

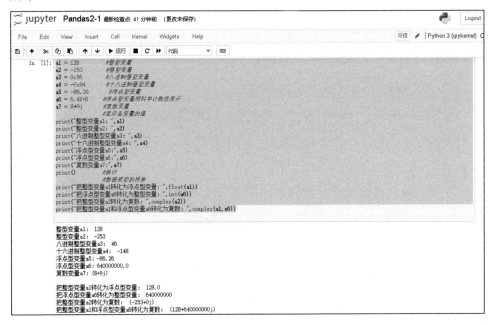

图 2.1　数值型数据的应用效果

2.2.2　字符串型应用实例

在 Python 中，字符串型是最常用的数据类型，简称字符串，可以使用单引号（'）或双引号（"）来创建字符串。需要注意的是，Python 不支持单字符类型，单字符在 Python 中只作为一个字符串使用。

当需要在程序中使用特殊字符时，Python 用反斜杠(\)转义字符。转义字符及意义如表 2.1 所示。

表 2.1　转义字符及意义

转义字符	意义	转义字符	意义
\(在行尾)	续行符	\n	换行
\\	反斜杠符号	\v	纵向制表符
\'	单引号	\t	横向制表符
\"	双引号	\r	回车
\a	响铃	\f	换页
\b	退格	\oyy	八进制数，yy 代表的字符，例如：\o12 代表换行
\e	转义	\xyy	十六进制数，yy 代表的字符，例如：\x0a 代表换行
\000	空	\other	其他的字符以普通格式输出

下面通过具体实例讲解字符串型数据的应用方法。

打开 Jupyter Notebook，新建 Python 代码文档，在单元中输入如下代码。

```
str1 = "I like Python and Pandas!"      #字符串变量
str2 = "I am liping, \t  I like red!"    #带有转义字符的字符串变量
                                         #输出字符串变量
print("字符串变量 str1:",str1)
print("带有转义字符的字符串变量 str2: ",str2)
                                         #输出字符串中的字符
print("字符串变量 str1 中的第一个字符: ",str1[0])
print("字符串变量 str1 中的第三个到第六个字符: ",str1[2:6])
```

单击工具栏中的"运行"按钮，可以看到字符串型数据的应用效果如图 2.2 所示。

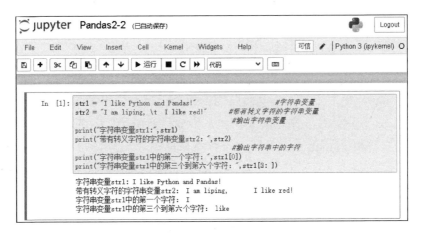

图 2.2　字符串型数据的应用效果

Python 还支持格式化字符串的输出，这样可能会用到非常复杂的表达式，基本的用法是将一个值插入到一个有字符串格式符"%s"的字符串中。

提醒：在 Python 中，字符串格式化使用的是与 C 语言中 printf（）函数一样的语法。

下面通过具体实例讲解格式化字符串的输出方法。

打开 Jupyter Notebook，新建 Python 代码文档，在单元中输入如下代码。

```
workername = input("请输入工人的姓名: ")
workersex  = input("请输入工人的性别:")
workerwage = input("请输入工人的工资: ")
print("工人的姓名是%s, \t 工人的性别是%s, \t 工资是%f" % (workername,
workersex,float(workerwage)))
```

这里调用 input()函数实现利用键盘动态输入。需要注意，input()函数默认数据类型是字符串型，要想输出浮点型，需要使用 float()函数进行数据类型转换。

单击工具栏中的"运行"按钮运行代码，这时程序要求输入工人的姓名，如图 2.3 所示。

在这里输入工人姓名"张一博"，然后按"Enter"键，这时程序要求输入工人的性别，如图 2.4 所示。

在这里输入工人性别"男"，然后按"Enter"键，这时程序要求输入工人的工资，如图 2.5 所示。

图 2.3　输入工人的姓名

图 2.4　输入工人的性别

图 2.5　输入工人的工资

在这里输入工人工资"6938",然后按"Enter"键,这时程序就会显示之前输入的姓名、性别和工资信息,如图 2.6 所示。

图 2.6　显示输入的信息

Python 字符串格式化符号及意义如表 2.2 所示。

表 2.2　字符串格式化符号及意义

字符串格式化符号	意义
%c	格式化字符及其 ASCII 码
%s	格式化字符串型数字
%d	格式化整数
%u	格式化无符号整型数字
%o	格式化无符号八进制数
%x	格式化无符号十六进制数
%f	格式化浮点型数字，可指定小数点后的精度
%e	用科学计数法格式化浮点型数字
%p	用十六进制数格式化变量的地址

2.2.3　列表应用实例

列表是 Python 程序设计中最常用的数据类型。列表是一个可变序列，序列中的每个元素都分配了一个数字，即它的位置或索引，第一个索引是 0，第二个索引是 1，以此类推。

Python 语言是用中括号 "[ ]" 来解析列表的。列表中的元素可以是数字、字符串、列表、元组等。创建一个列表，只要把逗号分隔的不同类型的数据项使用中括号括起来即可，具体如下。

```
list1 = ["C" , "Python", "C++" , "Java"]
list2 = [11, 22, 53, 84, 95 ,98 ]
list3 = ["李红", "女", 96]
```

还可以定义空列表，具体代码如下。

```
List4 = []
```

可以使用下标索引来显示列表中的数据信息，也可以使用中括号的形式截取字符，还可以利用 for 循环语句来遍历列表中的值。

下面通过具体实例讲解如何显示列表中的数据信息。

打开 Jupyter Notebook，新建 Python 代码文档，在单元中输入如下代码。

```
#定义列表变量
list = ["C" , "Python", "C++" , "Java" , "Julia" ]
#显示列表中所有数据信息
print("\n 我喜欢的编程语言是: ",list)
#使用下标索引来访问列表中的值
print ("\n\n 列表中的第一个值: ", list[0])
print ("列表中的第三个值: ", list[2])
#使用中括号的形式截取字符
print ("\n\n 列表中的第二和第三个值: ", list[1:3])
#利用 for 循环语句来遍历列表中的值
print("\n\n 利用 for 循环语句来遍历列表中的值:")
for i in list:
print(i)
```

单击工具栏中的"运行"按钮，显示列表中的数据信息，如图 2.7 所示。

图 2.7　显示列表中的数据信息

可以对列表的数据项进行修改或更新，也可以使用 append()方法来添加列表项。需要注意的是，利用 append()方法每次只能添加一个列表项，可以使用 del 语句删除列表中的元素。

下面通过具体实例讲解如何修改和删除列表中的数据。

打开 Jupyter Notebook，新建 Python 代码文档，在单元中输入如下代码。

```python
#定义列表变量
list1 = ["admin","admin888","zhangping","zhangping2019"]
print("\n列表中的初始数据信息：",list1)
#修改第二项数据，即把 admin888，改为 admin2018
list1[1] = "admin2018"
print("修改数据后的列表信息：",list1)
#向列表中添加数据
list1.append("lihong")
list1.append("lihong2016")
print("添加数据后的列表信息：",list1)
#删除数据，即删除第三项和第四项数据
del list1[2:4]
print("\n删除数据后的列表信息：",list1)
#删除列表，就可以删除列表中所有数据
del list1
print("\n成功删除所有列表数据！")
```

单击工具栏中的"运行"按钮，可以看到修改和删除列表中数据的代码运行结果如图 2.8 所示。

图 2.8 修改和删除列表中数据的代码运行结果

列表的函数包括 5 种，其名称及意义如表 2.3 所示。

表 2.3　列表的函数名及意义

列表的函数名	意义
len(list)	返回列表元素个数
max(list)	返回列表元素最大值
min(list)	返回列表元素最小值
list(seq)	将元组转换为列表
id(list)	获取列表对象的内存地址

需要注意的是，如果要使用 max()和 min()函数，则列表中的数据要属于同一个类型，即要么都是数值型，要么都是字符串型。

前面讲解了列表的 append()方法，下面来讲解列表的其他方法。列表的方法名称及意义如表 2.4 所示。

表 2.4　列表的方法名称及意义

列表的方法名称	意义
list.copy()	复制列表
list.clear()	清空列表
list.sort([func])	对原列表进行排序
list.reverse()	反向列表中的元素
list.remove(obj)	移除列表中某个值的第一个匹配项
list.pop(obj=list[-1])	移除列表中的一个元素（默认最后一个元素），并且返回该元素的值
list.insert(index, obj)	将对象插入列表的特定位置
list.index(obj)	从列表中找出某个值第一个匹配项的索引位置
list.extend(seq)	在列表末尾一次性追加另一个序列中的多个值（用新列表扩展原来的列表）
list.count(obj)	统计某个元素在列表中出现的次数

下面通过具体实例讲解列表的函数的应用方法。

打开 Jupyter Notebook，新建 Python 代码文档，在单元中输入如下代码。

```
import random
list1 = []                          #定义一个空列表
for i in  range(8) :                #利用 for 循环向列表中添加数据
    mynum = random.randint(100,1000)
    list1.append(mynum)
```

```
print("\n 产生的 8 个随机数是: ",list1)
list1.sort()                          #默认为升序
print("\n\n 从小到大排序 8 个随机数:",list1)
list1.sort(reverse = True)            #设置排序为降序
print("从大到小排序 8 个随机数:",list1)
print("\n\n8 个随机数中的最大数: ",max(list1))
print("8 个随机数中的最小数: ",min(list1))
```

首先导入 random 标准库，这样在下面程序中就可以利用 randow.randint()函数产生随机数；然后利用列表的 sort()方法排序，需要注意的是，默认排序方式为升序，要降序排列数字，需要添加 reverse=True；最后调用 max()和 min()函数显示数字中的最大值和最小值。

单击工具栏中的"运行"按钮，列表的函数的应用效果如图 2.9 所示。

图 2.9　列表的函数的应用效果

2.2.4　元组应用实例

Python 程序中的元组与列表类似，不同之处在于元组中的元素不能修改，另外，在程序代码中元组使用小括号，列表使用中括号。

元组的创建方法很简单，只需要在括号中添加元素，并使用逗号隔开即可，具体代码如下。

```
tup1 = ("Google", "Baidu", 2018, 2019)
tup2 = (1, 2, 3, 4, 5,6,7,8,9 )
tup3 = "a", "b", "c", "d","f","g"      # 不需要括号也可以
```

还可以定义空元组，具体代码如下。

```
tup1 = ()
```

当元组中只包含一个元素时，需要在元素后面添加逗号，否则括号会被当作运算符使用。可以使用下标显示元组中的数据信息，也可以使用中括号截取字符，还可以利用 for 循环语句来遍历元组中的值。

元组中的元素值是不允许修改的，但可以利用"+"号对元组进行组合。元组中的元素值是不允许删除的，但可以使用 del 语句来删除整个元组。

元组包括 4 个函数，其名称及意义如表 2.4 所示。

表 2.4　元组的函数名及意义

元组的函数名	意义
len(tuple)	返回元组元素个数
max(tuple)	返回元组元素最大值
min(tuple)	返回元组元素最小值
tuple (seq)	将列表转换为元组

需要注意的是，如果要使用 max()和 min()函数，则元组中的数据要属于同一个类型，即要么都是数值型，要么都是字符串型。

下面通过具体实例讲解元组的应用方法。

打开 Jupyter Notebook，新建 Python 代码文档，在单元中输入如下代码。

```
#创建元组
tup1 = ("苹果" , "香蕉", "葡萄", "橙子", "梨")
tup2 = ("周文康","李硕","李晓波")
tup3 = ('男', '女', '男')
#显示元组中所有数据信息
print("\n 我喜欢吃的水果是: ",tup1)
#使用下标索引显示元组中的数据信息
print ("\n\n 元组中的第二个值: ", tup1[1])
#使用中括号的形式截取字符
print ("元组中的第二至第五个值: ", tup1[1:5])
```

```
#利用 for 循环语句来遍历元组中的值
print("\n\n 利用 for 循环语句来遍历元组中的值:")
for i in tup1:
    print(i)
# 创建一个新的元组
tup3 = tup2 + tup3
print ("连接元组后的信息: \n",tup3)
print("tuple3 元组中元素的个数: ",len(tup3))
del tup3
print ("删除后的元组 tup3 ")
```

单击工具栏中的"运行"按钮，可以看到元组的应用效果如图 2.10 所示。

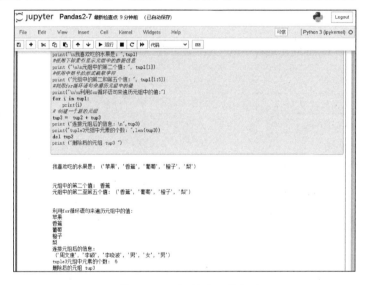

图 2.10　元组的应用效果

2.2.5　字典应用实例

从某种意义来讲，字典和列表是相似的，字典使用的是大括号"{ }"，列表使用的是中括号"[ ]"，元素的分隔符都是逗号","。字典和列表不同之处在于，列表的索引是从 0 开始的有序整数，并且不能重复；而字典的索引称为键，虽然字典中的键和列表中的索引一样是不可重复的，但键是元素，字典中元素的任意排列都不会影响字典的使用。

字典的键可以是数字、字符串、元组等，但一般都是用字符串来表示，键与值之间用冒号分开。创建一个字典的代码如下。

```
dict1 = {'姓名': '张可可', '年龄': 15, '年级': '8','学习成绩':'优'}
```

提醒：字典中的键必须是唯一的，并且不可变；字典中的值可以不唯一，也可以变。

显示字典中的值，可以使用标索引访问，也可以利用 values() 方法访问；可以利用 keys() 方法访问字典中的键，利用 items() 方法同时访问字典中的值和键。

字典包括 3 个函数，其名称及意义如表 2.5 所示。

表 2.5　字典的函数名及意义

字典的函数名	意义
len(dict)	输出字典中元素个数，即键的总数
str(dict)	输出字典，以可打印的字符串表示
type(dict)	返回输入的变量类型，如果变量是字典就返回字典类型

下面通过具体实例讲解字典的应用方法。

打开 Jupyter Notebook，新建 Python 代码文档，在单元中输入如下代码。

```
dict1 = {'姓名': '赵杰', '年龄': 19, '年级': '大一','学习成绩':'优'}
print("姓名: ",dict1['姓名'])
print("年龄: ",dict1['年龄'])
print("年级: ",dict1['年级'])
print("学习成绩: ",dict1['学习成绩'])
print ("\n 字典所有值是 : ", tuple(dict1.values()))     #以元组方式返回字
典中的所有值
print ("\n 字典所有的键是: ", list(dict1.keys()))     #以列表方式返回字
典中的所有键
print ("\n 字典所有值和键是 : %s" % dict1.items())     #利用 items() 方法
同时访问字典中的值和键
#利用 for 循环语句来遍历字典中的键和值
for i,j in dict1.items():
    print(i, ":", j)
print("\n 字典中元素个数，即键的总数:",len(dict1))
print("\n 字典的数据类型:",type(dict1))
dict1['性别'] = '男'     #添加新的数据项
print ("\n 添加数据项后字典是 : %s" % dict1.items())
dict1['学习成绩'] = '及格'     #修改原有的数据项
```

```
print ("\n 修改数据项后字典是 : %s" % dict1.items())
del dict1['学习成绩']          #删除字典中的某一项数据
print ("\n 删除某一项数据后字典是 : %s" % dict1.items())
dict1.clear()                   #清空字典中所有数据项
print ("\n 清空所有数据后字典是 : %s" % dict1.items())
```

单击工具栏中的"运行"按钮，可以看到字典的应用效果如图 2.11 所示。

图 2.11　字典的应用效果

2.2.6　集合应用实例

集合是一个无序不重复元素的序列。集合可分两种，分别是不可变的集合和可变的集合，可以使用大括号"{ }"或者 set()函数创建集合。需要注意的是，创建一个空集合必须用 set()函数而不是"{ }"，因为"{ }"是用来创建一个空字典的。创建集合的代码如下。

```
student = {'Tom', 'Jim', 'Mary', 'Tim', 'Jack', 'Rose',1,2}
a = set('who what how when')
```

```
b = set()
```

需要注意的是，前面创建的集合都是可变集合，要创建不可变集合，需要使用 frozenset() 函数，具体代码如下。

```
numset = frozenset([1,2,3,4,5,6])
```

集合的两个基本功能是去重和成员测试。去重是指把一个有重复元素的列表或元组等数据类型转变成集合，其中的重复元素只出现一次；成员测试即判断元素是否在集合内。集合的运算符及说明如表 2.6 所示。

表 2.6　集合的运算符及说明

数学符号	Python 符号	说明
∩	&	交集，如 a&b
∪	|	并集，如 a|b
- 或 \	-	差补或相对补集
△	^	对称差分
⊂	<	真子集
⊆	<=	子集
⊃	>	真超集
⊇	>=	超集
=	==	等于，两个集合相等
≠	!=	不等于
∈	in	属于
∉	not in	不属于

下面通过具体实例讲解集合的应用方法。

打开 Jupyter Notebook，新建 Python 代码文档，在单元中输入如下代码。

```
a = set('I like Python!')
b = set('I like Java too!')
print("a 集合中的元素: ",a,"\n")
print("b 集合中的元素: ",b,"\n")
print("集合的差、并、交集运算结果: \n")
print("a 和 b 的差集:",a - b)
print("a 和 b 的并集:",a | b)
print("a 和 b 的交集:",a & b,"\n")
print("集合的其他运算结果: \n")
```

```
print("a 和 b 中不同时存在的元素:",a ^ b)
print("a 和 b 的真子值:",a < b)
print("a 和 b 的子值:",a <= b)
print("a 和 b 的真超值:",a > b)
print("a 和 b 的超值:",a >= b)
print("a 和 b 相等:",a == b)
print("a 和 b 不相等:",a != b,"\n")
print("集合的成员测试运算结果: \n")
print("a 属于 b:",a in b)
print("a 不属于 b:",a not in b)
```

单击工具栏中的"运行"按钮，可以看到集合的应用效果如图 2.12 所示。

图 2.12　集合的应用效果

2.3　NumPy的数据结构

NumPy 是一个由多维数组对象和用于处理数组的集合组成的包。NumPy

没有使用 Python 本身的数组机制，而是提供了 ndarray 数组对象，该对象不但能方便地存取数组，而且拥有丰富的数组计算函数，比如向量的加法、减法、乘法等。

使用 ndarray 数组需要导入 NumPy 函数包，可以直接导入 NumPy 函数包，也可以在导入 NumPy 函数包时指定导入包的别名，代码如下。

```
import numpy            #直接导入 NumPy 函数包
import numpy as np      #导入 NumPy 函数包并指定导入包的别名
```

2.3.1　NumPy 数组的创建

创建 NumPy 数组是进行数组计算的先决条件，可以通过 array() 函数定义数组实例对象，其参数为 Python 的序列对象（如列表）。若想定义多维数组，则传递多层嵌套的序列，代码如下。

```
numpy1 = np.array([[10,-8,10.5],[-4,6.0,9.6]])
```

下面通过具体实例讲解 NumPy 数组的创建方法。

打开 Jupyter Notebook，新建 Python 代码文档，在单元中输入如下代码。

```
import numpy as np
mya = np.array([11,25,36,89])
myb = np.array([11,25,36,89], dtype = complex)
myc = np.array([[11,25,36,89],[20,50,60,90]])
print(mya)
print()
print("利用 for 循环显示数组中的数据: ")
for a in myb :
    print(a)
print()
print("显示二维数组中的数据: \n",myc)
print("\n 第二行中的第三个数据: ",myc[1][2])
```

单击工具栏中的"运行"按钮，可以看到 NumPy 数组的创建效果如图 2.13 所示。

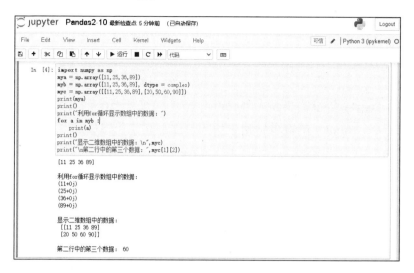

图 2.13　NumPy 数组的创建效果

2.3.2　NumPy 特殊数组

在 NumPy 数组中，有 3 种特殊数组，分别是 zeros 数组、ones 数组、empty 数组。zeros 数组是指全零的数组，即数组中所有元素都为 0；ones 数组是指全 1 的数组，即数组中所有元素都为 1；empty 数组是指空数组，即数组中所有元素全近似为 0。

下面通过具体实例讲解 NumPy 特殊数组的创建方法。

打开 Jupyter Notebook，新建 Python 代码文档，在单元中输入如下代码。

```python
import numpy as np
# 一维数组，默认类型为 float
mya = np.zeros(8)
print("zeros一维数组: \n",mya)
#二维数组，设置数据类型为 int
myb = np.zeros((4,4), dtype = np.int)
print("zeros二维数组: \n",myb)
#二维数组，默认类型为 float
myc = np.ones((6,4))
print("ones二维数组: \n",myc)
#empty 数组
```

```
myd = np.empty((2,4))
print("empty二维数组: \n",myd)
```

单击工具栏中的"运行"按钮，可以看到 NumPy 特殊数组的创建效果如图 2.14 所示。

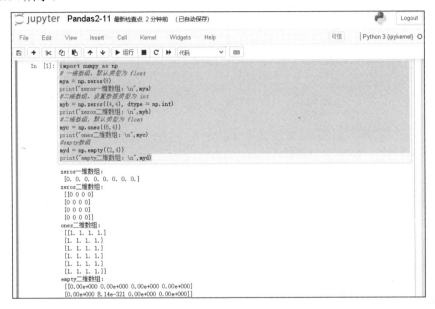

图 2.14 NumPy 特殊数组的创建效果

2.3.3 NumPy 序列数组

利用 arange()函数可以创建等差序列数组。arange()函数与 Python 中的 range()函数类似，但它属于 NumPy 库，其参数依次为：开始值、结束值、步长。也可以利用 linspace()函数创建等差序列数组，其参数依次为：开始值、结束值、元素数量。

下面通过具体实例讲解 NumPy 序列数组的创建方法。

打开 Jupyter Notebook，新建 Python 代码文档，在单元中输入如下代码。

```
import numpy as np
numpy1 = np.arange(1,100,2)
print("利用arange函数创建等差序列数组: \n",numpy1)
```

```
print()
numpy2 = np.linspace(0,8,10)
print("利用 linspace 函数创建等差序列数组：\n",numpy2)
```

单击工具栏中的"运行"按钮，可以看到 NumPy 序列数组的创建效果如图 2.15 所示。

图 2.15　NumPy 序列数组的创建效果

2.3.4　NumPy 数组运算

NumPy 数组运算是指 NumPy 数组中元素的加、减、乘、除、乘方、最大值、最小值等运算。

下面通过具体实例讲解 NumPy 数组的运算方法。

打开 Jupyter Notebook，新建 Python 代码文档，在单元中输入如下代码。

```
import numpy as np
numpy1 = np.array([5,10,15])
numpy2 = np.array([2,4,6])
print("数组的加法运算",numpy1+numpy2)
print("数组的减法运算",numpy1-numpy2)
print("数组的乘法运算",numpy1*numpy2)
print("数组的除法运算",numpy1/numpy2)
print("numpy1 数组的乘方运算",numpy1**2)
print("数组的点乘运算",np.dot(numpy1,numpy2))    #就是把数组的乘法运算
得到的数再加起来
```

```
print("数组的大小比较",numpy1>=numpy2)
print("numpy1 数组的最大值",numpy1.max())
print("numpy2 数组的最小值",numpy2.min())
print("numpy1 数组的和",numpy1.sum())
print("numpy1 和 numpy2 数组的和",numpy1.sum()+numpy2.sum())
```

单击工具栏中的"运行"按钮，可以看到 NumPy 数组运算的效果如图 2.16 所示。

图 2.16　NumPy 数组运算的效果

2.3.5　NumPy 的矩阵

矩阵是一个按照长方阵列排列的复数或实数集合，是高等数学中的常见工具，也常见于统计分析等应用数学学科中。

NumPy 的矩阵对象与数组对象类似，不同之处在于，矩阵对象的计算遵循矩阵数学运算规律，即矩阵的乘、转置、求逆等。需要注意的是，矩阵使用 matrix()函数创建。

下面通过具体实例讲解 NumPy 矩阵的创建及运算方法。

打开 Jupyter Notebook，新建 Python 代码文档，在单元中输入如下代码。

```
import numpy as np
numpy1=np.matrix([[12,14,26],[31,38,53]])
print("矩阵数据内容: ")
print(numpy1)
numpy2 = numpy1.T          #矩阵的转置
print("矩阵的转置后的数据内容: ")
print(numpy2)
print("矩阵的乘法: ")
print(numpy1*numpy2)
numpy3 = numpy1.I          #矩阵的求逆
print("矩阵的求逆:")
print(numpy3)
```

单击工具栏中的"运行"按钮，可以看到 NumPy 矩阵的创建及运算效果如图 2.17 所示。

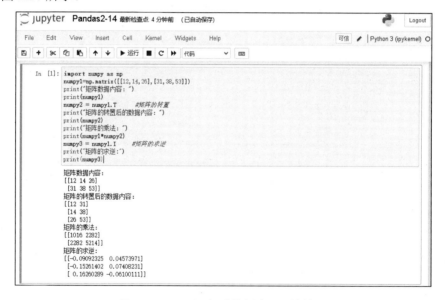

图 2.17 NumPy 矩阵的创建及运算效果

2.3.6 两个数组的点积

利用 numpy.dot()函数可以返回两个数组的点积。对于二维数组，其等效于矩阵乘法；对于一维数组，它是向量的内积；对于 N 维数组，它是 a 的最后一

个轴上的和与 *b* 的倒数第二个轴的乘积。

下面通过具体实例讲解两个数组点积的计算方法。

打开 Jupyter Notebook，新建 Python 代码文档，在单元中输入如下代码。

```
import numpy as np
a = np.array([[1,2],[3,4]])
b = np.array([[11,12],[13,14]])
print("返回两个数组的点积:")
print(np.dot(a,b))
```

两个数组的点积计算方法为：

$1\times11+2\times13, 1\times12+2\times14, 3\times11+4\times13, 3\times12+4\times14 = [[37\ 40][85\ 92]]$

单击工具栏中的"运行"按钮，可以看到代码运行结果如图 2.18 所示。

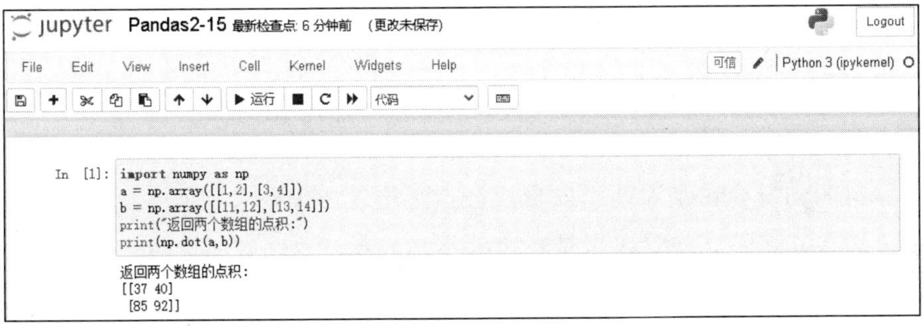

图 2.18　返回两个数组点积的代码运行结果

2.3.7　两个向量的点积

利用 numpy.vdot()函数可以返回两个向量的点积。如果第一个参数是复数，那么它的共轭复数会用于计算；如果参数 *id* 是多维数组，那么它会被展开。

下面通过具体实例讲解两个向量点积的计算方法。

打开 Jupyter Notebook，新建 Python 代码文档，在单元中输入如下代码。

```
import numpy as np
a = np.array([[1,2],[3,4]])
b = np.array([[11,12],[13,14]])
print("返回两个向量的点积:")
```

```
print(np.vdot(a,b))
```

两个向量的点积计算方法为：$1 \times 11 + 2 \times 12 + 3 \times 13 + 4 \times 14 = 130$。

单击工具栏中的"运行"按钮，可以看到代码运行结果如图 2.19 所示。

图 2.19　返回两个向量点积的代码运行结果

2.3.8　数组的向量内积

数组的向量内积是对两个向量执行点乘运算，即对这两个向量对应位一一相乘之后求和，因此向量内积是数字而不是向量。返回数组向量内积的函数为 numpy.inner()。

下面通过具体实例讲解数组向量内积的计算方法。

打开 Jupyter Notebook，新建 Python 代码文档，在单元中输入如下代码。

```
import numpy as np
a=np.array([1,2,3])
b=np.array([0,1,0])
print("一维数组的向量内积:")
print(np.inner(a,b))      #1×0+2×1+3×0
print()
c=np.array([[1,2], [3,4]])
d=np.array([[11, 12], [13, 14]])
print("多维数组的向量内积:")
print(np.inner(c,d))
```

多维数组的向量内积计算方法为：

$1×11+2×12, 1×13+2×14, 3×11+4×12, 3×13+4×14$

$=[[35\quad 41][81\quad 95]]$

单击工具栏中的"运行"按钮，可以看到代码运行结果如图 2.20 所示。

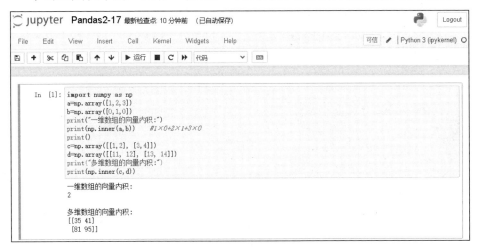

图 2.20　返回数组向量内积的代码运行结果

2.3.9　矩阵的行列式

行列式在线性代数中是非常有用的，它从方阵的对角元素计算。对于 $2×2$ 阶矩阵，它是左上和右下元素的乘积与左下和右上元素乘积的差。换句话说，对于矩阵[[a, b], [c, d]]，行列式计算过程为 ad-bc。较大的方阵被认为是 $2×2$ 阶矩阵的组合。在 Python 中，利用 numpy.linalg.det()函数计算输入矩阵的行列式。

下面通过具体实例讲解矩阵行列式的计算方法。

打开 Jupyter Notebook，新建 Python 代码文档，在单元中输入如下代码。

```
import numpy as np
a = np.array([[1,2], [3,4]])
print("矩阵的行列式:")
print(np.linalg.det(a))
b = np.array([[6,1,1], [4, -2, 5], [2,8,7]])
```

```
print("较大的方阵的数据：")
print(b)
print()
print("较大的方阵的行列式：")
print(np.linalg.det(b))
print()
print("较大的方阵的行列式的计算方法：")
c=6*(-2*7 - 5*8) - 1*(4*7 - 5*2) + 1*(4*8 - -2*2)
print("6*(-2*7 - 5*8) - 1*(4*7 - 5*2) + 1*(4*8 - -2*2)=",c)
```

单击工具栏中的"运行"按钮，可以看到代码运行结果如图 2.21 所示。

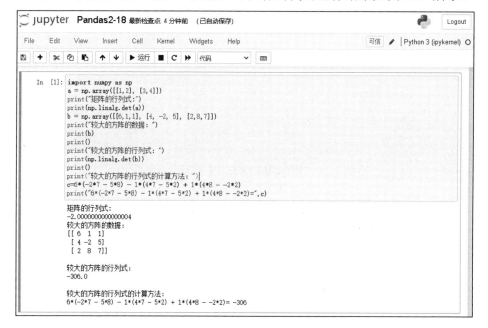

图 2.21　计算矩阵行列式的代码运行结果

2.3.10　矩阵的逆

矩阵的逆是这样的，如果它乘以原始矩阵，则得到单位矩阵。在 Pandas 中使用 numpy.linalg.inv() 函数来计算矩阵的逆。

提醒： 单位矩阵是个方阵，从左上角到右下角的对角线（称为主对角线）上的元素均为 1，除此以外全都为 0。

下面通过具体实例讲解矩阵的逆的计算方法。

打开 Jupyter Notebook，新建 Python 代码文档，在单元中输入如下代码。

```python
import numpy as np
x = np.array([[1,2],[3,4]])
print("原始矩阵:\n",x)

print()
y = np.linalg.inv(x)
print("矩阵的逆:\n",y)

print()
print("单位矩阵:")
print(np.dot(x,y))
```

单击工具栏中的"运行"按钮，可以看到代码运行结果如图 2.22 所示。

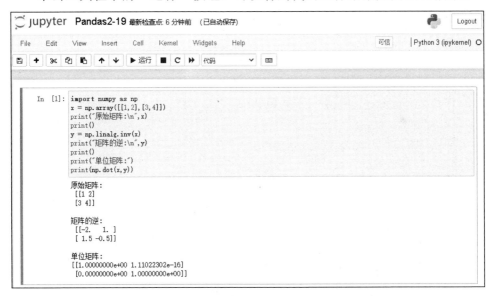

图 2.22　计算矩阵的逆的代码运行结果

2.4　Pandas的数据结构

下面通过具体实例讲解 Pandas 的两个主要数据结构，即一维数组系列（Series）与二维数组（DataFrame）。

2.4.1　一维数组系列应用实例

一维数组系列是由一组数据（各种 NumPy 数据类型），以及一组与之相关的标签数据（即索引）组成，仅由一组数据即可产生最简单的系列，也可以通过传递一个 dict 对象来创建一个系列。需要注意的是，Pandas 会默认创建整型索引。

如果数据是 ndarray，则传递的索引必须具有相同的长度；如果没有传递索引值，那么默认的索引将是范围(n)，其中 n 是数组长度，即[0,1,2,3…len(data)-1]。

一维数组系列中的数据可以使用类似访问 ndarray 中的数据来访问，也可以利用系列中的标签数据（即索引）来访问。

下面通过具体实例讲解一维数组系列的应用方法。

打开 Jupyter Notebook，新建 Python 代码文档，在单元中输入如下代码。

```python
#导入pandas和numpy包
import pandas as pd
import numpy as np
#利用ndarray为系列赋值
mydata1 = np.array(['a','b','c','d'])
mys = pd.Series(mydata1)
print("显示系列中的索引和数据: \n",mys)
print()
mydata2 = np.array(['C','C++','Python','Java'])
myt = pd.Series(mydata2,index=[100,101,102,103])
print("显示系列中的索引和数据: \n",myt)
print()
s = pd.Series(['C','C++','Python','Java','HTML'],index = ['a','b','c','d','e'])
print("系列中的第一个数据: ",s[0])
print("系列中的第三个数据: ",s['c'])
print("系列中的第二和第四个数据: \n",s[['b','d']])
print("系列中的前三个数据: \n",s[:3])
print("系列中的后三个数据: \n",s[-3:])
```

这里没有传递任何索引，因此在默认情况下，它分配了从 0 到 len(data)-1 的索引，即 0 到 3。如果传递了索引值，就可以在输出结果中看到自定义的索引值。

单击工具栏中的"运行"按钮，可以看到代码运行结果如图 2.23 所示。

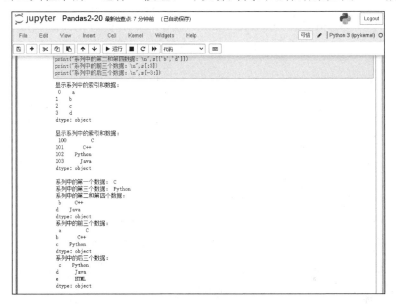

图 2.23　应用一维数组系列的代码运行结果

2.4.2　二维数组应用实例

二维数组是一个表格型的数据结构，它含有一组有序的列，每一列的数据结构都是相同的，不同的列之间可以是不同的数据结构（数值、字符、布尔值等）。或者以数据库进行类比，二维数组中的每一行是一个记录，名称为 Index 的一个元素，每一列则为一个字段，是这个记录的一个属性。二维数组既有行索引也有列索引，可以看作由 Series 组成的字典（共用同一个索引）。

二维数组可以使用各种数据创建，如列表、字典、一维数组系列、NumPy ndarray、另一个二维数组等。

下面通过具体实例讲解二维数组的应用方法。

打开 Jupyter Notebook，新建 Python 代码文档，在单元中输入如下代码。

```
import pandas as pd
import numpy as np
tsdf = pd.DataFrame(np.random.randint(10, 1000,size=(16,6)), columns=
['A', 'B', 'C','D','E','F'],index=pd.date_range('10/9/2021', periods=16))
print(tsdf)
```

这里调用 NumPy 的 random.randint()函数产生随机数，其语法格式如下。

```
numpy.random.randint(low, high=None, size=None, dtype='l')
```

语法中各参数意义如下。

（1）low：产生随机数的最小值，包括该值。

（2）high：产生随机数的最大值，不包括该值。

（3）size：为数组维度大小，例如，size=(16,6)表示 16 行 6 列的数组。

（4）dtype：为数据类型，默认的数据类型是 np.int，即整型。

NumPy 有两个常用的随机函数，分别是 random.rand()和 random.rands()，这两个随机函数产生的随机数都在 0～1 之间，只须指定数组维度大小即可。注意，random.rands()函数产生的是一个正态分布，还调用了 Pandas 的 date_range()函数产生一个固定频率的时间索引（时间序列）。

单击工具栏中的"运行"按钮，可以看到代码运行结果如图 2.24 所示。

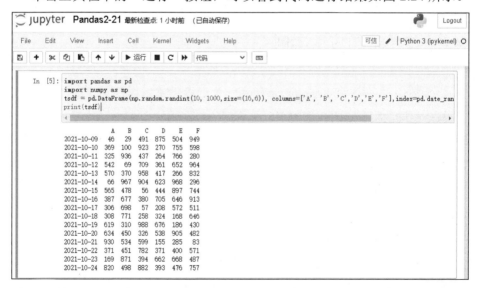

图 2.24　应用二维数组的代码运行结果

第 3 章

Pandas 数据的导入与导出

学习数据分析，第一步当然是将数据导入程序当中或者从程序中导出数据到本地文件，这里介绍使用 Pandas 提供的方法来导入和导出数据。

本章主要内容包括：

✓　CSV 文件概述。

✓　创建 CSV 文件，并输入内容。

✓　read_csv()方法。

✓　利用 read_csv()方法导入 CSV 文件实例。

✓　在 Excel 中输入内容并上传。

✓　read_excel()方法。

✓　利用 read_excel()方法导入 Excel 文件实例。

✓　创建 JSON 文件，并输入内容。

✓　read_json()方法。

✓　利用 read_json()方法导入 JSON 文件实例。

✓　输出 CSV 文件。

✓　输出 Excel 文件。

✓　输出 JSON 文件。

3.1 导入CSV文件

下面先来讲解如何利用 Pandas 的 read_csv()方法导入 CSV 文件。

3.1.1 CSV 文件概述

CSV 是"Comma-Separated Values"的缩写，意思是逗号分隔值。该文件以纯文本格式存储表格数据，即存储数字和文字。CSV 是一种简单的、通用的文件格式，广泛应用于商业、科学等领域。

CSV 文件的规则如下。

（1）以行为单位，开头不留空格。

（2）可以含有列名，也可以不含有列名。如果含有列名，则列名一定位于文件第一行。

（3）不能有空行，并且一行数据不能跨行。

（4）以半角逗号作为分隔符。

（5）如果列为空，则要用半角逗号分开，以表示其存在。

（6）如果列内容有半角单引号（''），则替换成半角双引号（""）转义。

3.1.2 创建 CSV 文件，并输入内容

打开 Jupyter Notebook，单击"Files"选项，再单击右侧的"New"按钮，就会弹出下拉菜单，如图 3.1 所示。

单击菜单中的"Text File"命令，新建一个文本文件，然后输入如下内容。

```
月份,水果名,数量,单价,金额
202101,苹果,65,2.3,149.50
202102,苹果,101,2.3,232.30
202103,苹果,113,2.5,282.50
```

```
202104,苹果,145,2.5,362.50
202105,苹果,145,2.5,362.50
202106,苹果,167,2.8,467.60
202107,苹果,203,2.8,568.40
202108,苹果,255,2.9,739.50
202109,苹果,202,3.1,626.20
202101,香蕉,180,3.5,630.00
202102,香蕉,201,3.5,703.50
202103,香蕉,223,3.5,780.50
202104,香蕉,254,3.9,990.60
202105,香蕉,267,3.9,1041.30
202106,香蕉,213,4.4,937.20
202107,香蕉,280,4.4,1232.00
202108,香蕉,310,4.4,1364.00
202109,香蕉,300,4.5,1350.00
202101,西瓜,400,3.8,1520.00
202102,西瓜,450,3.8,1710.00
202103,西瓜,481,3.5,1683.50
202104,西瓜,495,3.5,1732.50
202105,西瓜,580,3.2,1856.00
202106,西瓜,610,3.2,1952.00
202107,西瓜,688,2.5,1720.00
202108,西瓜,753,1.8,1355.40
202109,西瓜,800,2.0,1600.00
```

图 3.1　弹出下拉菜单

注意，第一行为列名，后面的行都是数据，分隔符都为半角逗号。

单击菜单栏中的"File/Rename"命令，弹出"Rename File"对话框，如图 3.2 所示。

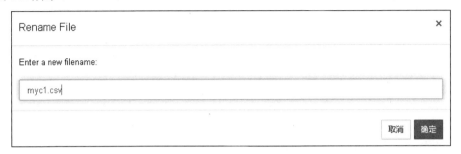

图 3.2 "Rename File"对话框

在这里设置文件名称为"myc1.csv"，然后单击"确定"按钮，就成功创建了 CSV 文件。

3.1.3 read_csv()方法

Pandas 读取 CSV 文件中的内容，需要使用 read_csv()方法，该方法的语法格式如下。

```
pandas.read_csv(filepath_or_buffer,sep=NoDefault.no_default,
delimiter=None,header='infer',names=NoDefault.no_default,index_col=N
one,usecols=None,squeeze=False,prefix=NoDefault.no_default,mangle_du
pe_cols=True,dtype=None,engine=None,converters=None,true_values=None
,false_values=None,skipinitialspace=False,skiprows=None,skipfooter=0,
nrows=None,na_values=None,keep_default_na=True,na_filter=True,verbos
e=False,skip_blank_lines=True,parse_dates=False,infer_datetime_forma
t=False,keep_date_col=False,date_parser=None,dayfirst=False,cache_da
tes=True,iterator=False,chunksize=None,compression='infer',thousands
=None, decimal='.', lineterminator=None, quotechar='"', quoting=0,
doublequote=True,escapechar=None,comment=None,encoding=None,encoding
_errors='strict',dialect=None,error_bad_lines=None,warn_bad_lines=No
ne,on_bad_lines=None,delim_whitespace=False,low_memory=True,memory_m
ap=False, float_precision=None, storage_options=None)
```

语法中常用参数的意义如下。

（1）filepath_or_buffer：用来设置数据输入的路径，可以是文件路径或 URL，也可以是实现 read_csv()方法的任意对象。

提醒：filepath_or_buffer 是 read_csv()方法的必选参数，不能省略，其他参数为可选参数，可以省略。

（2）sep：用来设置分隔符，默认为半角逗号，常见的还有制表符（\t）和空格等。

（3）delimiter：用来备用分隔符。需要注意，如果设置该参数，则 sep 参数失效。

（4）header 和 names：用来设置表头，使用规则如下。

第一，如果 CSV 文件有表头并且在第一行，那么 names 和 header 参数都不需要设置；

第二，如果 CSV 文件有表头，但表头不在第一行，那么需要设置 header 参数；

第三，如果 CSV 文件没有表头，且全部是数据，那么需要设置 names 参数来生成表头；

第四，如果 CSV 文件有表头，但这个表头您不想用，那么需要同时设置 names 参数和 header 参数。先用 header 参数选出表头和数据，再用 names 参数将表头替换掉，其实就相当于将数据读取进来之后再对列进行重命名。

（5）index_col：用来设置索引列，默认索引为 0、1、2……

（6）usecols：用来设置要显示的列，当数据中有很多列时，可以使用该参数排除不需要的内容。

（7）prefix：当导入的数据没有表头时，设置此参数会自动加一个前缀。

（8）dtype：用来指定某一列的字段类型。

（9）converters：用来对列数据进行变换。

（10）true_values：用来指定哪些值被清洗为 True。

（11）false_values：用来指定哪些值被清洗为 False。

（12）nrows：当读入的文件内容太大时，可以利用 nrows 参数指定读入的行数。

（13）na_filter：用来判断是否进行空值检测，默认值为 True，如果指定为 False，则 Pandas 在读取 CSV 文件时不会进行任何空值的判断和检测，所有的值都会保留原样。

（14）parse_dates：用来指定某些列为时间类型。

（15）date_parser：用来为时间类型指定一种格式。

3.1.4　利用 read_csv()方法导入 CSV 文件实例

打开 Jupyter Notebook，新建 Python 代码文档，在单元中输入如下代码。

```
import pandas  as pd
df = pd.read_csv('myc1.csv')
df
```

这里仅使用 read_csv()方法的必选参数，没有可选参数。需要注意，由于"myc1.csv"文件和新创建的文件在同一个位置，因此在这里直接调用即可。

单击工具栏中的"运行"按钮，可以看到利用 read_csv()方法导入 CSV 文件的效果如图 3.3 所示。

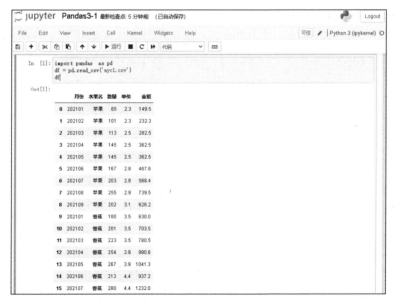

图 3.3　利用 read_csv()方法导入 CSV 文件的效果

由于我们创建的 CSV 文件分隔符为半角逗号，因此不需要设置 sep 参数。如果设置 header=1，那么表头就是第一行数据，代码如下。

```
import pandas  as pd
df = pd.read_csv('myc1.csv',header=1)
df
```

单击工具栏中的"运行"按钮，可以看到设置 header 参数的效果如图 3.4 所示。

图 3.4　设置 header 参数的效果

如果设置 header=3，那么第三行数据就是表头。

下面同时设置 header 和 names 参数，具体代码如下。

```
import pandas  as pd
df = pd.read_csv('myc1.csv',header=3,names=['a','b','c','d','e'])
df
```

在上述代码中，利用 names 参数重新设置表头。

单击工具栏中的"运行"按钮，可以看到代码运行结果如图 3.5 所示。

下面利用 index_col 参数把"单价"列设为索引，具体代码如下。

```
import pandas  as pd
df = pd.read_csv('myc1.csv',index_col='单价')
df
```

单击工具栏中的"运行"按钮，可以看到代码运行结果如图 3.6 所示。

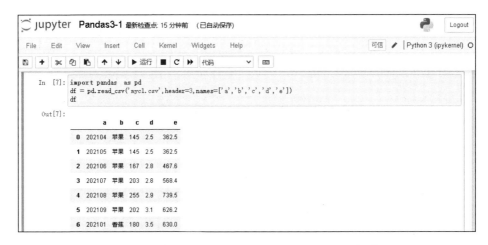

图 3.5 同时设置 header 和 names 参数的代码运行结果

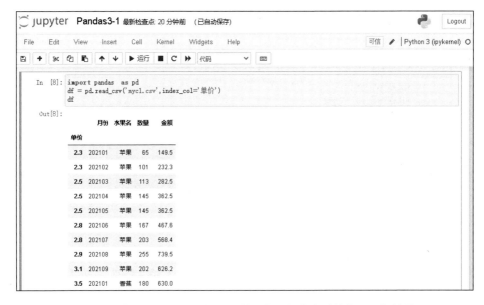

图 3.6 利用 index_col 参数把"单价"列设为索引的代码运行结果

利用 usecols 参数只显示"水果名"和"单价"两列，具体代码如下。

```
import pandas as pd
df = pd.read_csv('myc1.csv',usecols=['水果名','单价'])
df
```

单击工具栏中的"运行"按钮，可以看到代码运行结果如图 3.7 所示。

图 3.7 利用 usecols 参数只显示 "水果名" 和 "单价" 两列的代码运行结果

3.2 导入Excel文件

前文介绍了如何导入 CSV 文件，下面来讲解如何利用 Pandas 的 read_excel() 方法导入 Excel 文件。

3.2.1 在 Excel 中输入内容并上传

Excel 文件就是利用 Microsoft Excel 软件创建的表格文件。打开一个 Excel 工作薄，在默认情况下，Excel 工作薄有 3 个工作表，即 Sheet1、Sheet2 和 Sheet3。工作表 Sheet1、Sheet2 和 Sheet3 中的内容分别如图 3.8、图 3.9 和图 3.10 所示。

在这里把该 Excel 文件保存路径为 "D:\myexcel1.xls"。需要注意的是，如果想在 Jupyter Notebook 中调用该文件，则要先把该文件上传到 Jupyter Notebook 软件中，具体操作如下。

打开 Jupyter Notebook，单击 "Upload" 按钮，弹出 "打开" 对话框，选择 D 盘中的 "myexcel1.xls" 文件，如图 3.11 所示。

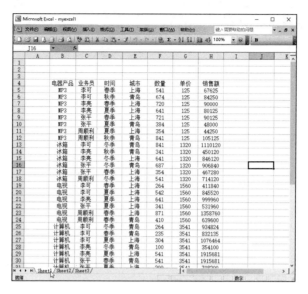

图 3.8　工作表 Sheet1 中的内容

图 3.9　工作表 Sheet2 中的内容

图 3.10　工作表 Sheet3 中的内容

图 3.11　"打开"对话框

单击要上传的文件夹后，就可以看到"上传"按钮，如图 3.12 所示。

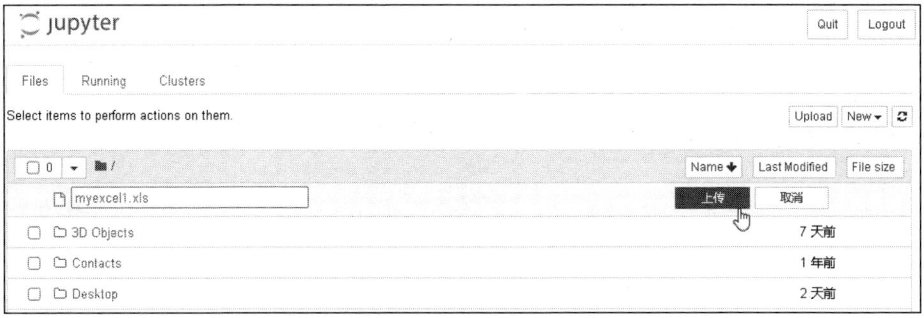

图 3.12　"上传"按钮

单击"上传"按钮，就可以成功上传 Excel 文件。

3.2.2　read_excel()方法

Pandas 读取 Excel 文件中的内容，需要使用 read_excel()方法，该方法的语法格式如下。

```
pandas.read_excel(io,sheet_name=0,header=0,names=None,index_col=
None,usecols=None,squeeze=False,dtype=None,engine=None,converters=No
ne,true_values=None,false_values=None,skiprows=None,nrows=None,
na_values=None,keep_default_na=True,na_filter=True,verbose=False,
parse_dates=False,date_parser=None,thousands=None,comment=None,skipf
ooter=0,convert_float=None,mangle_dupe_cols=True,storage_options=None)
```

语法中常用参数的意义如下。

（1）io：用来设置 Excel 文件存储的路径。

提醒：io 是 read_excel()方法的必选参数，不能省略，其他参数为可选参数，可以省略。

（2）sheet_name：用来设置要显示 Excel 工作薄中的工作表，默认值为 0，即显示第一张工作表 Sheet1，如果其值为 1，则显示的是 Sheet2 工作表中的内容，依次类推。

（3）header 和 names：与 read_csv()方法中的参数意义相同，不再多说。

（4）skiprows：用来省略指定行数的数据，这里是自上而下地省略数据的行数。

（5）skipfooter：用来自下而上地省略数据的行数。

（6）index_col：用来设置索引列。

3.2.3　利用 read_excel()方法导入 Excel 文件实例

打开 Jupyter Notebook，新建 Python 代码文档，在单元中输入如下代码。

```
import pandas as pd
mydf = pd.read_excel('myexcel1.xls')
mydf
```

注意，在默认情况下，显示的是 Sheet1 工作表中的数据信息。

单击工具栏中的“运行”按钮，可以看到利用 read_excel()方法导入 Excel 文件如图 3.13 所示。如果 Execl 单元格中没有数据，则会填充 NaN。

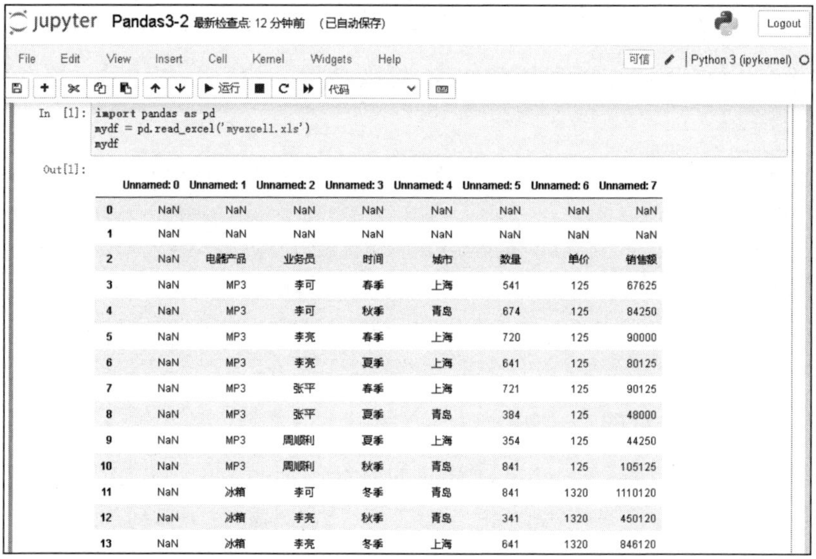

	Unnamed: 0	Unnamed: 1	Unnamed: 2	Unnamed: 3	Unnamed: 4	Unnamed: 5	Unnamed: 6	Unnamed: 7
0	NaN	NaN	NaN	NaN	NaN	NaN	NaN	NaN
1	NaN	NaN	NaN	NaN	NaN	NaN	NaN	NaN
2	NaN	电器产品	业务员	时间	城市	数量	单价	销售额
3	NaN	MP3	李可	春季	上海	541	125	67625
4	NaN	MP3	李可	秋季	青岛	674	125	84250
5	NaN	MP3	李亮	春季	上海	720	125	90000
6	NaN	MP3	李亮	夏季	上海	641	125	80125
7	NaN	MP3	张平	春季	上海	721	125	90125
8	NaN	MP3	张平	夏季	青岛	384	125	48000
9	NaN	MP3	周顺利	夏季	上海	354	125	44250
10	NaN	MP3	周顺利	秋季	青岛	841	125	105125
11	NaN	冰箱	李可	冬季	青岛	841	1320	1110120
12	NaN	冰箱	李亮	秋季	青岛	341	1320	450120
13	NaN	冰箱	李亮	冬季	上海	641	1320	846120

图 3.13　利用 read_excel()方法导入 Excel 文件

如果要显示 Sheet2 工作表中的数据信息，代码如下。

```
import pandas as pd
mydf = pd.read_excel('myexcel1.xls',sheet_name=1)
mydf
```

单击工具栏中的"运行"按钮，可以看到代码运行结果如图 3.14 所示。

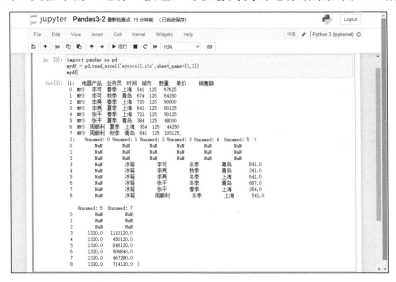

图 3.14　显示 Sheet2 工作表中的数据信息的代码运行结果

还可以同时显示多张工作表中的数据信息，在这里同时显示 Sheet2 和 Sheet3 工作表中的数据信息，具体代码如下。

```
import pandas as pd
mydf = pd.read_excel('myexcel1.xls',sheet_name=[1,2])
mydf
```

单击工具栏中的"运行"按钮，可以看到代码运行结果如图 3.15 所示。

图 3.15　同时显示 Sheet2 和 Sheet3 工作表中的数据信息的代码运行结果

由于 Sheet3 工作表中数据的前三行为 NaN，因此可以跳过前三行显示，具体实现代码如下。

```
import pandas as pd
df = pd.read_excel('myexcel1.xls',sheet_name=2,skiprows=3)
df
```

单击工具栏中的"运行"按钮，可以看到代码运行结果如图 3.16 所示。

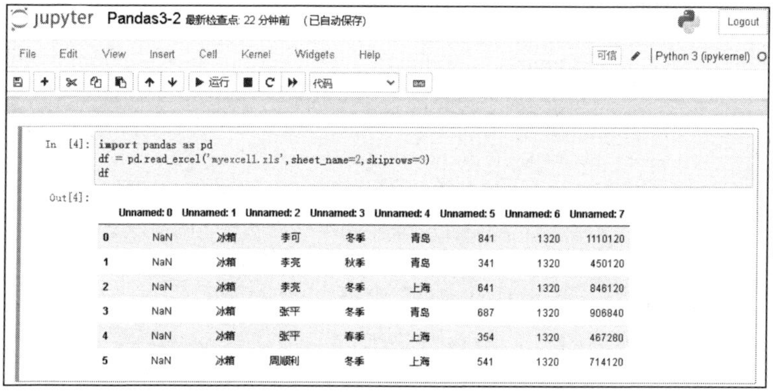

图 3.16　跳过前三行显示的代码运行结果

3.3　导入JSON文件

前面讲解了 Pandas 将 CSV 和 Excel 文件导入的方法，下面来讲解如何利用 Pandas 的 read_json()方法导入 JSON 文件。

3.3.1　创建 JSON 文件，并输入内容

JSON 是"JavaScript Object Notation"的缩写，是存储和交换文本信息文件，与 XML 文件相比，JSON 文件更小且更易解析。

打开 Jupyter Notebook，单击"Files"选项，再单击右侧的"New"按钮，就会弹出下拉菜单，在下拉菜单中单击"Text File"命令，创建一个文本文件，然后输入如下代码。

```
[
  {
  "id地址": "A000001",
  "name": "网易",
  "受欢迎程度": 161
  },
  {
  "id地址": "A000002",
  "name": "百度",
  "受欢迎程度": 261
  },
  {
  "id地址": "A000003",
  "name": "金十数据",
  "受欢迎程度": 81
  }
]
```

单击菜单栏中的"File/Rename"命令，弹出"Rename File"对话框，如图 3.17 所示。

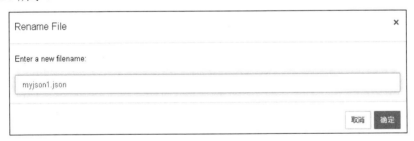

图 3.17　"Rename File"对话框

在这里设置文件名称为"myjson1.json"，然后单击"确定"按钮，就成功创建了 JSON 文件。

3.3.2　read_json()方法

Pandas 要读取 JSON 文件中的内容，需要使用 read_json()方法，该方法的语法格式如下。

```
pandas.read_json(path_or_buf=None,orient=None,typ='frame',dtype=
None,convert_axes=None, convert_dates=True, keep_default_dates=True,
numpy=False,precise_float=False,date_unit=None,encoding=None,encodin
g_errors='strict', lines=False, chunksize=None, compression='infer',
nrows=None, storage_options=None)
```

其中，path_or_buf 是必选参数，用来指定 JSON 文件的保存路径，其他参数都是可选参数。

3.3.3　利用 read_json()方法导入 JSON 文件实例

打开 Jupyter Notebook，新建 Python 代码文档，在单元中输入如下代码。

```
import pandas as pd
df = pd.read_json('myjson1.json')
df
```

单击工具栏中的"运行"按钮，可以看到利用 read_json()方法导入 JSON 文件的效果如图 3.18 所示。

图 3.18　利用 read_json()方法导入 JSON 文件的效果

3.4　Pandas数据的输出

Pandas 数据可以输出为 CSV 文件、Excel 文件、JSON 文件，下面进行具体讲解。

3.4.1　输出 CSV 文件

利用 Pandas 中的 DataFrame 创建数据后，可以把这些数据保存到 CSV 文件中，这需要使用 DataFrame 的 to_csv()方法，其语法格式如下。

```
DataFrame.to_csv(path_or_buf=None,sep=',',na_rep='',float_format
=None,columns=None,header=True,index=True,index_label=None,mode='w',
encoding=None,compression='infer',quoting=None,quotechar='"',line_te
rminator=None,chunksize=None,date_format=None,doublequote=True,escap
echar=None, decimal='.', errors='strict', storage_options=None)
```

语法中常用参数的意义如下。

（1）path_or_buf：是必选参数，用来指定 CSV 文件的保存路径。

（2）sep：用来设置分隔符。

（3）mode：用来设置写入文件的模式，默认值为 w（写入），若改成 a 则为追加。

（4）date_format：用来设置时间格式。

下面通过具体实例讲解如何输出 CSV 文件。

打开 Jupyter Notebook，新建 Python 代码文档，在单元中输入如下代码。

```
import pandas as pd
import numpy as np
tsdf = pd.DataFrame(np.random.randn(10,6), columns=['A', 'B', 'C',
'D','E','F'],
                    index=pd.date_range('11/1/2021', periods=10))
print(tsdf)
tsdf.to_csv('pscsv1.csv')
print('\n把内容保存 pscsv1.csv 文件中! ')
```

这里首先利用 NumPy 的 random.randn()方法生成一个 10 行 6 列的正态分布的随机数，表头为 A、B、C、D、E 和 F；然后利用 pandas 的 date_range()方法生成一个时间序列；最后利用 DataFrame 的 to_csv()方法把表格内容写入"pscsv1.csv"文件中。

单击工具栏中的"运行"按钮，可以看到输出 CSV 文件的效果如图 3.19所示。

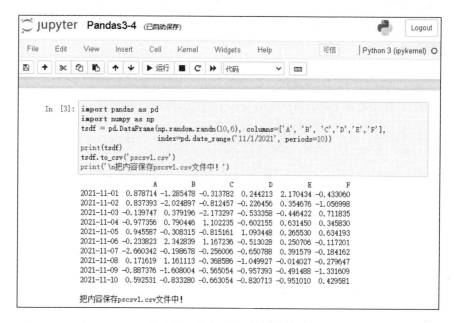

图 3.19　输出 CSV 文件的效果

　　这时在 Jupyter Notebook 的"Files"选项页面中可以看到刚创建的"pscsv1.csv"文件，如图 3.20 所示。

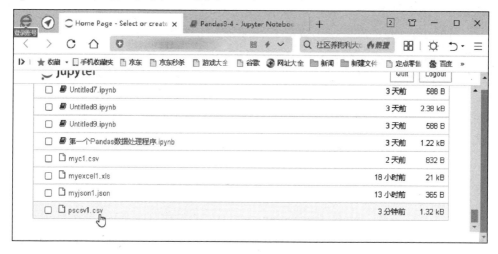

图 3.20　"pscsv1.csv"文件

双击"pscsv1.csv"文件，可以看到该文件中的内容，如图 3.21 所示。

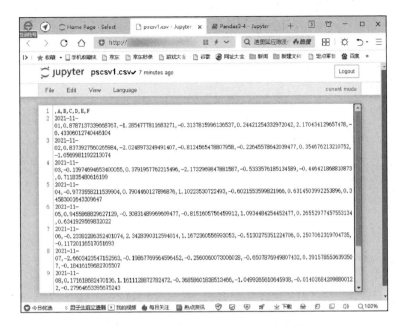

图 3.21　"pscsv1.csv" 文件中的内容

3.4.2　输出 Excel 文件

利用 Pandas 中的 DataFrame 创建数据后，可以把这些数据保存到 Excel 文件中，这需要使用 DataFrame 的 to_excel()方法，其语法格式如下。

```
DataFrame.to_excel(excel_writer, sheet_name='Sheet1', na_rep='',
float_format=None,columns=None,header=True,index=True,index_label=No
ne,startrow=0,startcol=0,engine=None, merge_cells=True, encoding=None,
inf_rep='inf', verbose=True, freeze_panes=None, storage_options=None)
```

语法中常用参数的意义如下。

（1）excel_writer：是必选参数，用来指定 Excel 文件的保存路径。

（2）sheet_name：用来设置被写入的工作表名称，默认为 sheet1 工作表。

（3）na_rep：用来设置缺失值。

（4）float_format：用来设置浮点型数据的格式。

（5）columns：用来设置要写入的列。

（6）header：用来设置是否有表头信息，默认值为 True，即有表头。

（7）index_label：用来设置索引列。

（8）startrow：用来设置开始行。

（9）startcol：用来设置开始列。

下面通过具体实例讲解如何输出 Excel 文件。

打开 Jupyter Notebook，新建 Python 代码文档，在单元中输入如下代码。

```
import pandas as pd
import numpy as np
tsdf = pd.DataFrame(np.random.randint(100, 1000,size=(8,6)), columns=
['A', 'B', 'C','D','E','F'],
                    index=pd.date_range('6/6/2021', periods=8))
print(tsdf)
tsdf.to_excel('myexe12.xls')
print('\n把内容保存myexe12.xls文件中！')
```

这里首先利用 NumPy 的 random.randint()方法生成一个 8 行 6 列的随机数，随机数的最小值为 100（包括 100），最大值为 1000（不包括 1000），表头为 A、B、C、D、E 和 F；然后利用 Pandas 的 date_range()方法生成一个时间序列；最后利用 DataFrame 的 to_excel()方法把表格内容写入 "myexe12.xls" 文件中。

单击工具栏中的 "运行" 按钮，可以看到输出 Excel 文件的效果如图 3.22 所示。

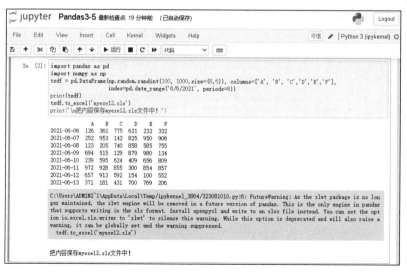

图 3.22　输出 Excel 文件的效果

这时在 Jupyter Notebook 的"Files"选项页面中可以看到刚创建的 "myexe12.xls"文件，如图 3.23 所示。

图 3.23　"myexe12.xls"文件

双击"myexe12.xls"文件会提示打不开"myexe12.xls"文件信息，如图 3.24 所示。

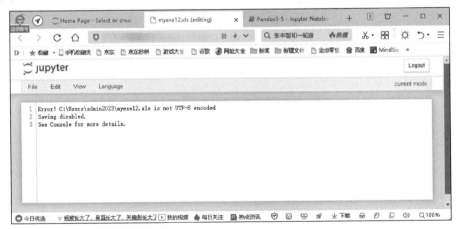

图 3.24　打不开"myexe12.xls"文件的提示信息

要想看到"myexe12.xls"文件信息，只需要把该文件下载下来就可以了。

选中"myexe12.xls"文件前面的复选框，可以看到"Download"按钮，如图 3.25 所示，单击"Download"按钮，弹出"新建下载任务"对话框，如图 3.26 所示。

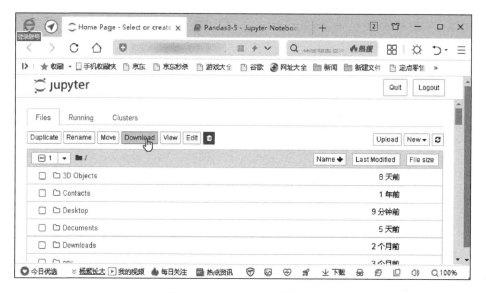

图 3.25　"Download" 按钮

单击"下载"按钮，把"myexe12.xls"文件下载到桌面上，然后双击该文件就可以看到其中的内容了，如图 3.27 所示。

图 3.26　"新建下载任务"对话框

图 3.27　"myexe12.xls"文件中的内容

3.4.3　输出 JSON 文件

利用 Pandas 中的 DataFrame 创建数据后，可以把这些数据保存到 JSON 文件中，这需要使用 DataFrame 的 to_json()方法，其语法格式如下。

```
DataFrame.to_json(path_or_buf=None, orient=None, date_format=None,
double_precision=10,force_ascii=True,date_unit='ms',default_handler=
```

```
None,lines=False,compression='infer',index=True,indent=None,storage_
options=None)
```

其中，path_or_buf 为必选参数，用来指定 JSON 文件的保存路径。

下面通过具体实例讲解如何输出 JSON 文件。

打开 Jupyter Notebook，新建 Python 代码文档，在单元中输入如下代码。

```
import pandas as pd
import numpy as np
tsdf = pd.DataFrame(np.random.randint(100, 1000,size=(9,6)),
columns= ['A', 'B', 'C','D','E','F'],
                    index=pd.date_range('8/8/2021', periods=9))
print(tsdf)
tsdf.to_json('myjson2.json',)
print('\n 把内容保存 myjson2.json 文件中！')
```

利用 DataFrame 的 to_json()方法把表格内容写入"myjson2.json"文件中。

单击工具栏中的"运行"按钮，可以看到输出 JSON 文件的效果如图 3.28
所示。

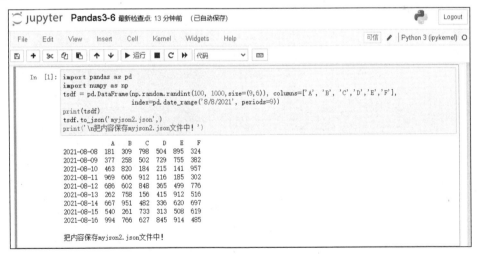

图 3.28　输出 JSON 文件的效果

这时在 Jupyter Notebook 的 "Files" 选项页面中可以看到刚创建的
"myjson2.json"文件，如图 3.29 所示。

图 3.29　"myjson2.json" 文件

双击"myjson2.json"文件，可以看到该文件中的内容，如图 3.30 所示。

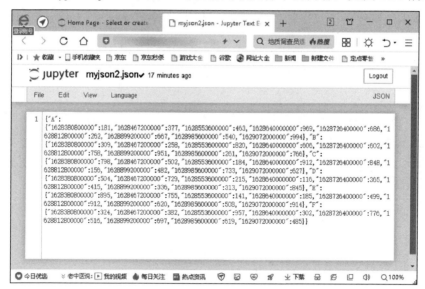

图 3.30　"myjson2.json" 文件中的内容

第 4 章

4

Pandas 数据表的查看和清洗

在分析数据之前，需要查看数据表相关信息和清洗数据。清洗数据是一项复杂且烦琐的工作，同时也是整个数据分析过程中最为重要的环节之一，数据只有经过清洗后才可用作数据分析。

本章主要内容包括：

✓ 利用 shape 属性查看数据表的维度。

✓ 利用 dtype 和 dtypes 属性查看列数据的类型。

✓ 利用 columns 和 values 属性查看数据表的表头和数据信息。

✓ 利用 isnull()方法查看空值信息。

✓ 利用 unique()方法查看列中的无重复数据信息。

✓ 利用 info()方法查看数据表的基本信息。

✓ 利用 head()方法查看数据表前几行数据。

✓ 利用 tail()方法查看数据表后几行数据。

✓ 空值和格式错误数据的清洗。

✓ 错误数据和重复数据的清洗。

✓ 数据表列名和数据内容的清洗。

4.1 Pandas数据表信息的查看

Pandas 数据表信息包括数据表的维度、列数据的类型、空值信息、列中无重复数据信息等，下面对 Pandas 数据表信息的查看进行具体讲解。

4.1.1 利用 shape 属性查看数据表的维度

数据表的维度是指数据表的行数和列数，即数据表有几行几列，利用 shape 属性可以查看数据表的维度，其中，DataFrame.shape[0] 表示行数，DataFrame.shape[1]表示列数。

下面通过具体实例讲解如何利用 shape 属性查看数据表的维度。

打开 Jupyter Notebook，新建 Python 代码文档，在单元中输入如下代码。

```
import pandas as pd
import numpy as np
mydf1 = pd.read_excel('myexcel1.xls',sheet_name=1)
print(mydf1)
mydf2 = pd.DataFrame(np.random.randn(4,6), columns=['A', 'B',
'C','D', 'E','F'],
                index=pd.date_range('11/1/2021', periods=4))
print(mydf2)
```

这里首先利用 read_excel()方法导入"myexcel1.xls"文件中 Sheet2 工作表的数据，并赋值给变量 mydf1；然后利用 Pandas 的 DataFrame 创建一个表格数据，数据为随机数，表头为 A、B、C、D、E 和 F，索引为时间序列。

单击工具栏中的"运行"按钮，可以看到两张数据表信息如图 4.1 所示。

下面来查看两张表的维度，具体代码如下。

```
print('mydf1的维度是: ',mydf1.shape)
print('mydf1的行数是: ',mydf1.shape[0])
print('mydf1的列数是: ',mydf1.shape[1])
print()
print('mydf2的维度是: ',mydf2.shape)
```

```
print('mydf2 的行数是: ',mydf2.shape[0])
print('mydf2 的列数是: ',mydf2.shape[1])
```

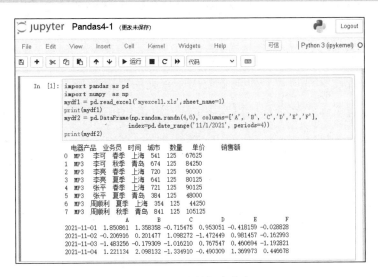

图 4.1　两张数据表信息

单击工具栏中的"运行"按钮,可以看到代码运行结果如图 4.2 所示。

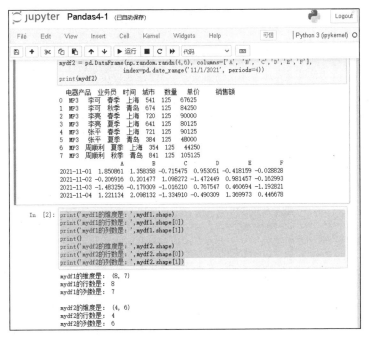

图 4.2　查看两张数据表维度的代码运行结果

4.1.2　利用 dtype 和 dtypes 属性查看列数据的类型

利用 dtype 属性可以查看数据表中某一列的数据类型，如字符串型、整型等；利用 dtypes 属性可以查看数据表中所有列的数据类型。

下面通过具体实例讲解如何利用 dtype 和 dtypes 属性查看列数据的类型。

打开 Jupyter Notebook，新建 Python 代码文档，在单元中输入如下代码。

```
import pandas as pd
data = {"姓名":["赵可佳","张可","周远","徐南"],
        "性别":['女','男','女','男'],
        "年龄":[25,28,21,30],
        "工资":[5869.32,7256.34,6895.89,7289.72]
        }
mydf1 = pd.DataFrame(data)
mydf1
```

单击工具栏中的"运行"按钮，可以看到数据表信息如图 4.3 所示。

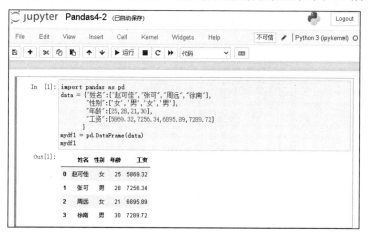

图 4.3　数据表信息

下面利用 dtype 属性查看"年龄"和"工资"两列数据的类型，具体代码如下。

```
print('年龄字段的数据类型：',mydf1['年龄'].dtype)
print('工资字段的数据类型：',mydf1['工资'].dtype)
```

单击工具栏中的"运行"按钮，可以看到代码运行结果如图 4.4 所示。

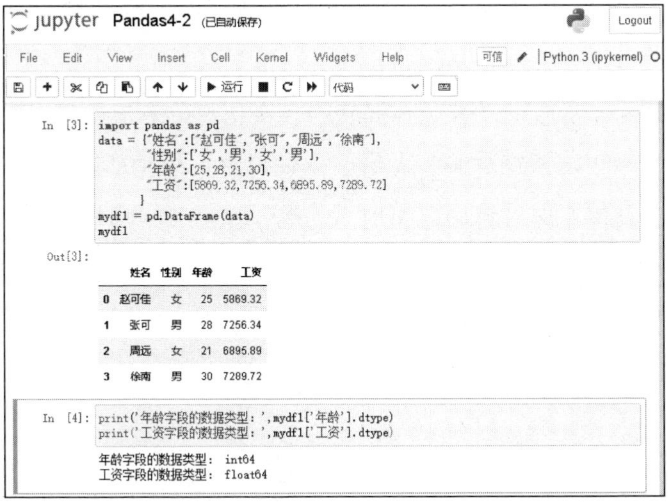

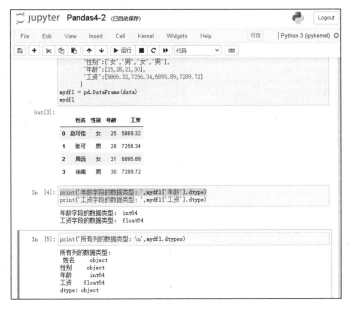

图 4.4　利用 dtype 属性查看"年龄"和"工资"两列数据类型的代码运行结果

下面利用 dtypes 属性查看所有列的数据类型，具体代码如下。

```
print('所有列的数据类型：\n',mydf1.dtypes)
```

单击工具栏中的"运行"按钮，可以看到代码运行结果如图 4.5 所示。

图 4.5　利用 dtypes 属性查看所有列的数据类型的代码运行结果

4.1.3 利用 columns 和 values 属性查看数据表的表头和数据信息

利用 columns 属性可以查看数据表的表头信息，如学生信息表中的姓名、性别等；利用 values 属性查看数据表的数据信息，如张红、女等。

下面通过具体实例讲解如何利用 columns 和 values 属性查看数据表的表头和数据信息。

打开 Jupyter Notebook，新建 Python 代码文档，在单元中输入如下代码。

```python
import pandas as pd
import numpy  as np
mydf1 = pd.read_excel('myexcel1.xls',sheet_name=1)
print(mydf1)
print('\n\n 数据表的表头信息:')
print(mydf1.columns)
print('\n\n 数据表的数据信息:')
print(mydf1.values)
```

单击工具栏中的"运行"按钮，可以查看数据表的表头和数据信息如图 4.6 所示。

图 4.6　查看数据表的表头和数据信息

4.1.4　利用 isnull()方法查看空值信息

下面通过具体实例讲解如何利用 isnull()方法查看数据表中的空值信息。

打开 Jupyter Notebook，新建 Python 代码文档，在单元中输入如下代码。

```
import pandas as pd
import numpy  as np
mydf1 = pd.read_excel('myexcel1.xls',sheet_name=2)
print(mydf1)
```

单击工具栏中的"运行"按钮，可以看到 Sheet3 工作表中的数据信息如图 4.7 所示。

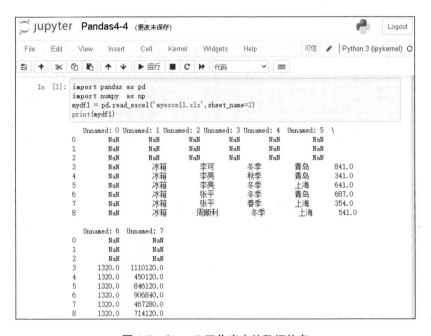

图 4.7　Sheet3 工作表中的数据信息

下面来查看"Unnamed: 3"列的空值信息，代码如下。

```
print(mydf1['Unnamed: 3'].isnull())
```

单击工具栏中的"运行"按钮，可以看到代码运行结果如图 4.8 所示。

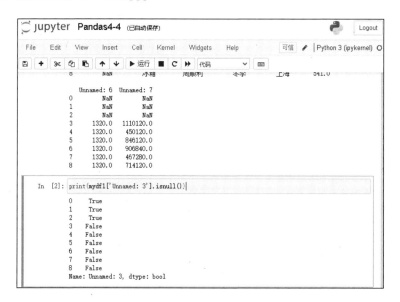

图 4.8　查看"Unnamed: 3"列空值信息的代码运行结果

下面来查看所有列的空值信息，代码如下。

```
print(mydf1.isnull())
```

单击工具栏中的"运行"按钮，可以看到代码运行结果如图 4.9 所示。

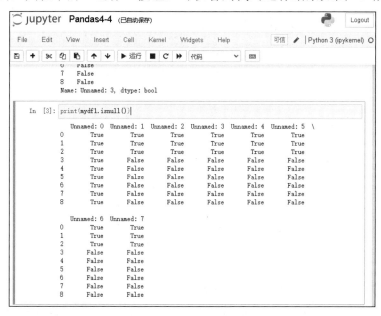

图 4.9　查看所有列的空值信息的代码运行结果

4.1.5　利用 unique()方法查看列中的无重复数据信息

下面通过具体实例讲解如何利用 unique()方法查看列中的无重复数据信息。

打开 Jupyter Notebook，新建 Python 代码文档，在单元中输入如下代码。

```python
import pandas as pd
import numpy  as np
mydf1 = pd.read_excel('myexcel1.xls',sheet_name=1)
print(mydf1)
print('\n\n 显示数据表中无重复数据：\n')
print(mydf1['城市'].unique())
print(mydf1['业务员'].unique())
print(mydf1['时间'].unique())
```

单击工具栏中的"运行"按钮，可以查看列中的无重复数据信息如图 4.10 所示。

图 4.10　查看列中的无重复数据信息

4.1.6 利用 info()方法查看数据表的基本信息

下面通过具体实例讲解如何利用 info()方法查看数据表的基本信息。

打开 Jupyter Notebook，新建 Python 代码文档，在单元中输入如下代码。

```python
import pandas as pd
data = {"姓名":["赵可佳","张可","周远","徐南"],
        "性别":['女','男','女','男'],
        "年龄":[25,28,21,30],
        "工资":[5869.32,7256.34,6895.89,7289.72]
        }
mydf1 = pd.DataFrame(data)
print(mydf1)
print('\n\n数据表mydf1的基本信息\n')
print(mydf1.info())
```

单击工具栏中的"运行"按钮，可以查看数据表的基本信息如图 4.11 所示。

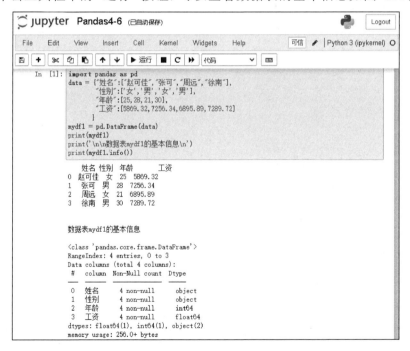

图 4.11 查看数据表的基本信息

数据表中的各项信息如下。

（1）<class 'pandas.core.frame.DataFrame'>：表示数据类型为 DataFrame。

（2）Data columns (total 4 columns)：表示数据表有 4 列。

（3）RangeIndex: 4 entries, 0 to 3：表示有 4 条数据（4 行），索引为 0～3。

（4）#：表示索引号。

（5）column：表示每列数据的列名。

（6）Non-Null count：表示每列数据的个数，缺失值 NaN 不做计算。

（7）Dtype：表示数据的类型。

（8）dtypes: float64(1), int64(1), object(2)：表示数据类型的统计。

（9）memory usage: 256.0+ bytes：表示该数据表占用的运行内存。

4.1.7　利用 head()方法查看数据表前几行数据

下面通过具体实例讲解如何利用 head()方法查看数据表前几行数据。

打开 Jupyter Notebook，新建 Python 代码文档，在单元中输入如下代码。

```
import pandas as pd
import numpy  as np
mydf1 = pd.read_excel('myexcel1.xls',sheet_name=0)
mydf1
```

单击工具栏中的"运行"按钮，可以查看 Sheet1 工作表中所有数据信息如图 4.12 所示。

向下拖动垂直滚动条，可以看到 Sheet1 工作表中有多条数据信息。假如只需要显示前 5 条数据信息，输入代码如下。

```
mydf1.head(5)
```

单击工具栏中的"运行"按钮，可以看到代码运行结果如图 4.13 所示。

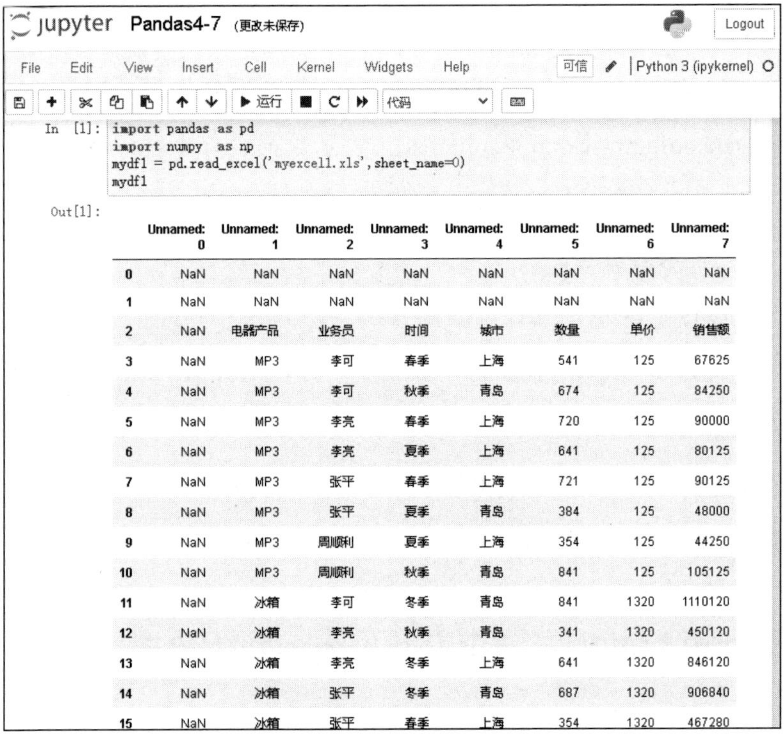

In [1]:
```
import pandas as pd
import numpy  as np
mydf1 = pd.read_excel('myexcel1.xls',sheet_name=0)
mydf1
```

Out[1]:

	Unnamed: 0	Unnamed: 1	Unnamed: 2	Unnamed: 3	Unnamed: 4	Unnamed: 5	Unnamed: 6	Unnamed: 7
0	NaN	NaN	NaN	NaN	NaN	NaN	NaN	NaN
1	NaN	NaN	NaN	NaN	NaN	NaN	NaN	NaN
2	NaN	电器产品	业务员	时间	城市	数量	单价	销售额
3	NaN	MP3	李可	春季	上海	541	125	67625
4	NaN	MP3	李可	秋季	青岛	674	125	84250
5	NaN	MP3	李亮	春季	上海	720	125	90000
6	NaN	MP3	李亮	夏季	上海	641	125	80125
7	NaN	MP3	张平	春季	上海	721	125	90125
8	NaN	MP3	张平	夏季	青岛	384	125	48000
9	NaN	MP3	周顺利	夏季	上海	354	125	44250
10	NaN	MP3	周顺利	秋季	青岛	841	125	105125
11	NaN	冰箱	李可	冬季	青岛	841	1320	1110120
12	NaN	冰箱	李亮	秋季	青岛	341	1320	450120
13	NaN	冰箱	李亮	冬季	上海	641	1320	846120
14	NaN	冰箱	张平	冬季	青岛	687	1320	906840
15	NaN	冰箱	张平	春季	上海	354	1320	467280

图 4.12　查看 Sheet1 工作表中所有数据信息

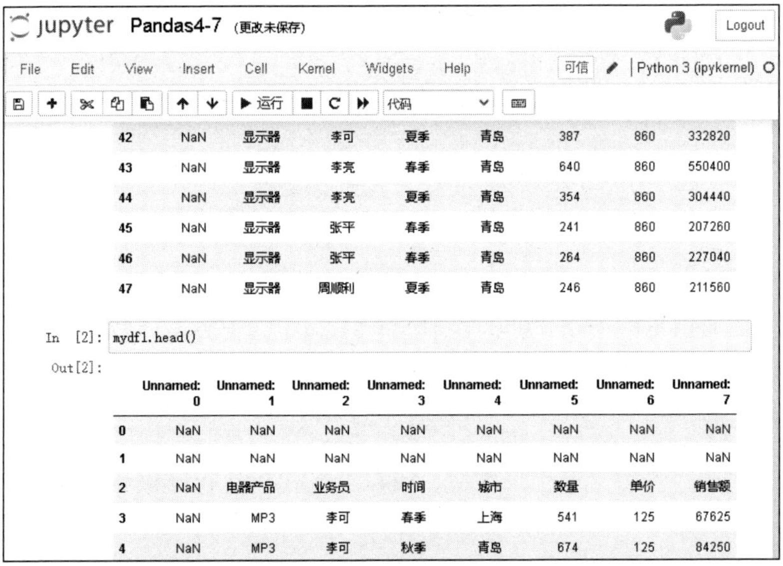

42	NaN	显示器	李可	夏季	青岛	387	860	332820
43	NaN	显示器	李亮	春季	青岛	640	860	550400
44	NaN	显示器	李亮	夏季	青岛	354	860	304440
45	NaN	显示器	张平	春季	青岛	241	860	207260
46	NaN	显示器	张平	春季	青岛	264	860	227040
47	NaN	显示器	周顺利	夏季	青岛	246	860	211560

In [2]:
```
mydf1.head()
```

Out[2]:

	Unnamed: 0	Unnamed: 1	Unnamed: 2	Unnamed: 3	Unnamed: 4	Unnamed: 5	Unnamed: 6	Unnamed: 7
0	NaN	NaN	NaN	NaN	NaN	NaN	NaN	NaN
1	NaN	NaN	NaN	NaN	NaN	NaN	NaN	NaN
2	NaN	电器产品	业务员	时间	城市	数量	单价	销售额
3	NaN	MP3	李可	春季	上海	541	125	67625
4	NaN	MP3	李可	秋季	青岛	674	125	84250

图 4.13　只显示前 5 条数据信息的代码运行结果

同样地，如果只显示前 3 条数据信息，代码如下。

```
mydf1.head(3)
```

4.1.8　利用 tail()方法查看数据表后几行数据

下面通过具体实例讲解如何利用 tail()方法查看数据表后几行数据。

打开 Jupyter Notebook，新建 Python 代码文档，在单元中输入如下代码。

```
import pandas  as pd
df = pd.read_csv('myc1.csv')
df
```

单击工具栏中的"运行"按钮，可以查看"myc1.csv"文件中所有数据信息如图 4.14 所示。

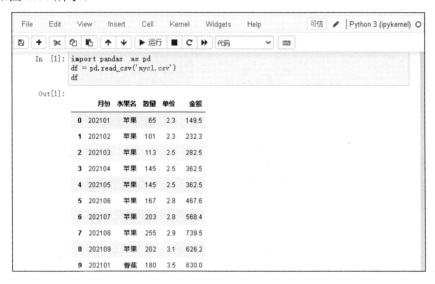

图 4.14　查看"myc1.csv"文件中所有数据信息

向下拖动垂直滚动条，可以看到"myc1.csv"文件中有多条数据信息。如果只显示后 5 条数据信息，可以输入如下代码。

```
df.tail(5)
```

单击工具栏中的"运行"按钮，可以看到代码运行结果如图 4.15 所示。

图 4.15　显示后 5 条数据信息的代码运行结果

同样地，如果只显示后 8 条数据信息，可以输入如下代码。

```
df.tail(8)
```

4.2　Pandas数据表的清洗

Pandas 数据表的清洗过程就是对一些没有用的数据进行处理的过程。在实际生活中，很多表格中的数据都存在数据缺失、格式有误、数据重复等情况，如果想对这些数据进行准确分析，则需要对一些没有用的数据进行处理，即数据表的清洗。

4.2.1　空值的清洗

为了实现数据表空值的清洗，我们先来创建一个 Excel 文件，并命名为"mybook1.xls"，然后在 Sheet1 工作表中输入数据信息，如图 4.16 所示。

打开 Jupyter Notebook，单击"Upload"按钮，把"mybook1.xls"文件上传到 Jupyter Notebook 中，这样在后面的实例中就可以直接调用该表中的数据信息了。

图 4.16 Sheet1 工作表中的数据信息

新建 Python 代码文档，在单元中输入如下代码。

```
import pandas as pd
mydf1 = pd.read_excel('mybook1.xls',sheet_name=0)
print(mydf1)
```

单击工具栏中的"运行"按钮，可以看到"mybook1.xls"文件中的数据信息如图 4.17 所示。

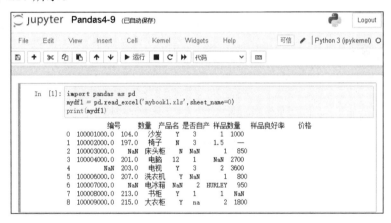

图 4.17　"mybook1.xls"文件中的数据信息

在这里可以看到 Pandas 把 n/a 和 NA 看成空数据，但 na 和 "—"不是空数据，需要进行处理，下面进行具体讲解。

在单元中输入如下代码。

```
import pandas as pd
missing_values = ["n/a", "na", "—"]
```

```
mydf1 = pd.read_excel('mybook1.xls',sheet_name=0,na_values =
missing_values)
print(mydf1)
```

在这里先定义变量 missing_values 用来定义哪些内容可以看成空数据，然后在 read_excel()方法中利用 na_values 属性调用该变量即可。

单击工具栏中的"运行"按钮，可以看到把 na 和"—"变成空数据如图 4.18 所示。

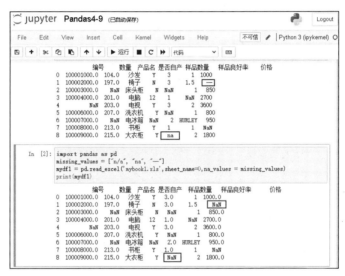

图 4.18　把 na 和"—"变成空数据

利用 dropna()方法可以删除包含空字段的行，其语法格式如下。

```
DataFrame.dropna(axis=0,how='any',thresh=None,subset=None,inplac
e=False)
```

语法中各参数的意义如下。

（1）axis：该属性的默认值为 0，表示逢空值删除整行；如果设置 axis 值为 1，则表示逢空值删除整列。

（2）how：该属性的默认值为 any，表示如果一行（或一列）里任何一个数据出现 NA 则删除整行（或整列）；如果设置该值为 all，则表示一行（列）都是 NA 才删除整行（或整列）。

（3）thresh：该属性设置需要多少非空值的数据才可以保留下来行或列。

（4）subset：该属性设置想要检查的列。如果有多个列，则可以使用列名的 list 作为参数。

（5）inplace：该属性如果设置为 True，则将计算得到的值直接覆盖之前的值并返回 None，修改的是源数据。

删除含有空值的行的代码如下。

```
mydf2 = mydf1.dropna()
print(mydf2)
```

单击工具栏中的"运行"按钮，可以看到代码运行结果如图 4.19 所示。

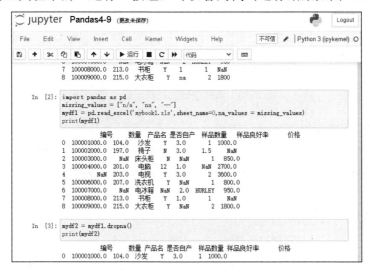

图 4.19　删除含有空值的行的代码运行结果

填充空值，假如把所有空值都填充为 18，代码如下。

```
mydf3 = mydf1.fillna(18)
mydf3
```

这里利用 fillna() 方法实现空值的填充。

单击工具栏中的"运行"按钮，可以看到代码运行结果如图 4.20 所示。

还可以单独修改某一列的空值，假如修改"编号"列的空值为"100008888"，代码如下。

```
mydf4 = mydf1['编号'].fillna(100008888)
mydf4
```

图 4.20　填充空值的代码运行结果

单击工具栏中的"运行"按钮，可以看到代码运行结果如图 4.21 所示。

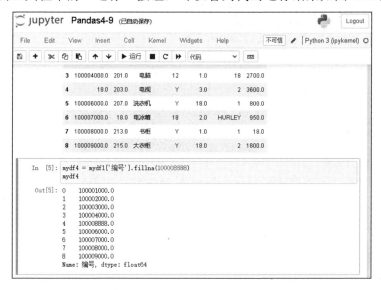

图 4.21　修改"编号"列的空值为"100008888"的代码运行结果

需要注意的是，在默认情况下，dropna()和 fillna()方法都返回一个新的
DataFrame，不会修改源数据。如果要修改源数据 DataFrame，则需要把 inplace
属性值设置为 True。

4.2.2　格式错误数据的清洗

　　格式错误数据的清洗就是把一列数据的数据类型设置为具有相同格式的数据，这样才能进行数据分析和处理。如果一列数据的格式不同，则会使数据分析和处理变得困难，甚至无法进行。

　　下面通过具体实例讲解格式错误数据的清洗方法。

　　打开 Jupyter Notebook，新建 Python 代码文档，在单元中输入如下代码。

```
import pandas as pd
# 第三个日期格式错误
data = {
  "日期": ['2021/6/01', '2021/6/02' , '20210603'],
  "水果名":['香蕉','苹果','桃子'],
  "价格": [3.5, 6, 4.5]
}
mydf = pd.DataFrame(data)
mydf
```

　　单击工具栏中的"运行"按钮，可以看到错误的日期格式如图 4.22 所示。

图 4.22　错误的日期格式

下面利用 Pandas 的 to_datetime()方法修改日期的格式，代码如下。

```
mydf['日期'] = pd.to_datetime(mydf['日期'])
mydf
```

单击工具栏中的"运行"按钮，可以看到代码运行结果如图 4.23 所示。

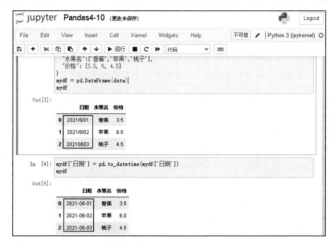

图 4.23　利用 to_datetime()方法修改日期格式的代码运行结果

4.2.3　错误数据的清洗

在日常数据分析过程中，数据错误是很常见的情况，我们可以对错误的数据进行替换或删除，即错误数据的清洗。

下面通过具体实例讲解错误数据的清洗方法。

打开 Jupyter Notebook，新建 Python 代码文档，在单元中输入如下代码。

```
import pandas as pd
data = {
  "姓名":['李明','张亮', '周可佳','王瑞','刘伦瑞'],
  "性别": ['男','男','女','女','男'],
  "年龄": [14,113,15,104,112],
  "成绩": [115,89,98,125,94]
}
mydf1 = pd.DataFrame(data)
mydf1
```

单击工具栏中的"运行"按钮，可以看到学生数据信息如图 4.24 所示。

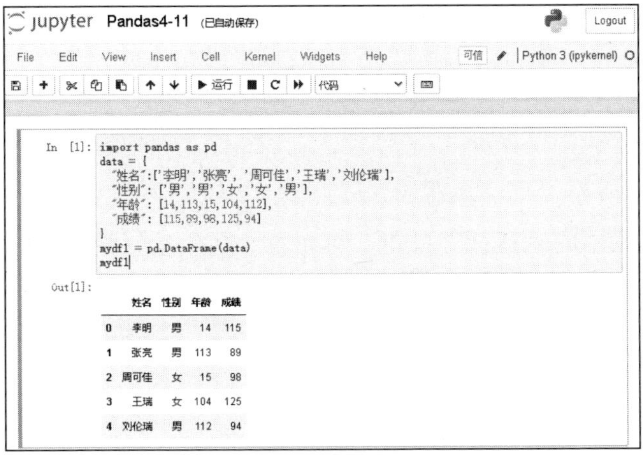

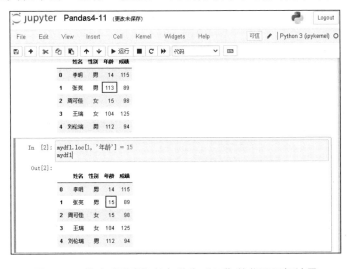

图 4.24　学生数据信息

在这里有几处明显的数据错误，如学生的年龄不可能超过 100 岁，成绩最高也不能超过 100 分（满分为 100）。

下面利用 Pandas 的 loc 索引来修改"张亮"的年龄为"15"，代码如下。

```
mydf1.loc[1, '年龄'] = 15
mydf1
```

单击工具栏中的"运行"按钮，可以看到代码运行结果如图 4.25 所示。

图 4.25　修改"张亮"的年龄为"15"的代码运行结果

还可以利用 for 和 if 语句同时修改多条记录，在这里把其他年龄超过"100"的都改为"16"，具体实现代码如下。

```
for x in mydf1.index:
  if mydf1.loc[x, '年龄'] > 100:
    mydf1.loc[x, '年龄'] = 16
mydf1
```

单击工具栏中的"运行"按钮，可以看到代码运行结果如图 4.26 所示。

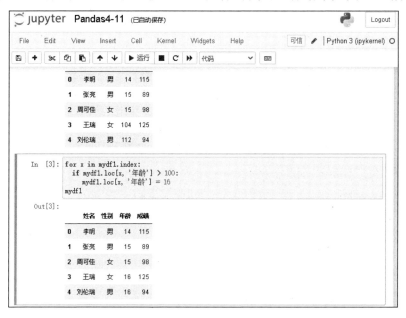

图 4.26 年龄超过"100"的都改为"16"的代码运行结果

下面利用 for 和 if 语句同时删除成绩大于"100"的学生信息，实现代码如下。

```
for x in mydf1.index:
  if mydf1.loc[x, '成绩'] > 100:
    mydf1.drop(x, inplace = True)
mydf1
```

需要注意，只有把 inplace 属性设置为 True，才能利用 drop() 方法删除 mydf1 中的数据。

单击工具栏中的"运行"按钮，可以看到代码运行结果如图 4.27 所示。

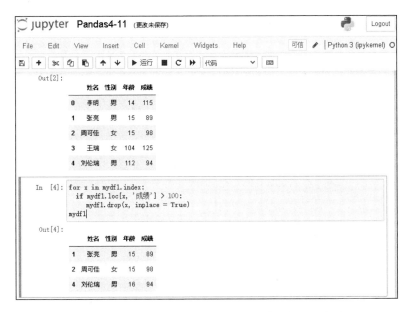

图 4.27　删除成绩大于"100"的学生信息的代码运行结果

4.2.4　重复数据的清洗

重复数据的清洗就是将两行或多行重复数据进行删除。利用 DataFrame 的 duplicated()方法可以判断是否有重复数据,如果有数据重复,则返回值为 True, 如果没有重复数据,则返回值为 False。如果有重复数据,则可以利用 DataFrame 的 drop_duplicates()方法进行删除。

下面通过具体实例讲解重复数据的清洗方法。

打开 Jupyter Notebook,新建 Python 代码文档,在单元中输入如下代码。

```python
import pandas as pd
data = {
  "姓名":['李明','张亮','李明', '周可佳','王瑞','周可佳','刘伦瑞'],
  "性别": ['男','男','男','女','女','女','男'],
  "年龄": [14,13,14,15,14,15,12],
  "成绩": [95,89,95,98,85,98,94]
}
mydf1 = pd.DataFrame(data)
mydf1
```

单击工具栏中的"运行"按钮，可以看到列表中的数据如图 4.28 所示。

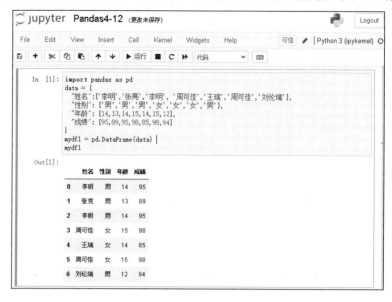

图 4.28　列表中的数据

下面利用 duplicated()方法查看哪几条数据重复，实现代码如下。

```
mydf1.duplicated()
```

单击工具栏中的"运行"按钮，可以看到代码运行结果如图 4.29 所示。

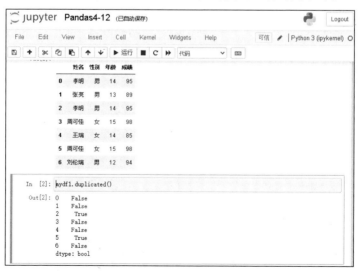

图 4.29　利用 duplicated()方法查看重复数据的代码运行结果

在这里可以看到，第三条和第六条数据重复了。

下面利用 drop_duplicates()方法删除重复数据，实现代码如下。

```
mydf1.drop_duplicates(inplace = True)
mydf1
```

单击工具栏中的"运行"按钮，可以看到代码运行结果如图 4.30 所示。

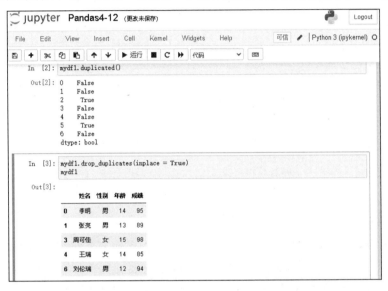

图 4.30　利用 drop_duplicates()方法删除重复数据的代码运行结果

4.2.5　数据表列名的清洗

数据表列名的清洗就是对数据表列名全部重命名或部分重命名。如果对列名全部重命名，则要利用 DataFrame 的 columns 属性来修改；如果对列名部分重命名，则可以利用 DataFrame 的 rename()方法来修改。

下面通过具体实例讲解数据表列名的清洗方法。

打开 Jupyter Notebook，新建 Python 代码文档，在单元中输入如下代码。

```
import pandas as pd
data = {"A":["赵可佳","张可","周远","徐南"],
        "B":['女','男','女','男'],
        "C":[25,28,21,30],
```

```
        "D":[5869.32,7256.34,6895.89,7289.72]
    }
mydf1 = pd.DataFrame(data)
mydf1
```

单击工具栏中的"运行"按钮，可以看到生成的数据信息如图 4.31 所示。

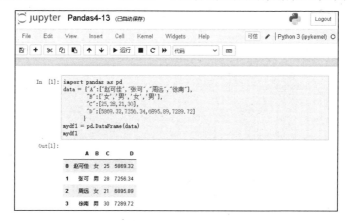

图 4.31　数据信息

下面利用 DataFrame 的 columns 属性修改全部列名，实现代码如下。

```
mydf1.columns = ['姓名','性别','年龄','工资']
mydf1
```

单击工具栏中的"运行"按钮，可以看到代码运行结果如图 4.32 所示。

图 4.32　修改全部列名的代码运行结果

接下来利用 DataFrame 的 rename()方法把"姓名"改为"职工姓名"，实现代码如下。

```
mydf1.rename(columns={'姓名': '职工姓名'})
```

单击工具栏中的"运行"按钮，可以看到代码运行结果如图 4.33 所示。

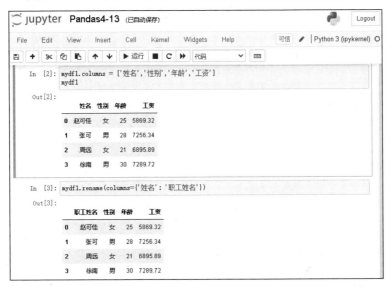

图 4.33　把"姓名"改为"职工姓名"的代码运行结果

4.2.6　数据内容的清洗

利用 DataFrame 的 replace()方法可以修改某条具体数据信息，下面通过具体实例讲解数据内容的清洗方法。

打开 Jupyter Notebook，新建 Python 代码文档，在单元中输入如下代码。

```
import pandas as pd
data = {"姓名":["赵可佳","张可","周远","徐南"],
      "性别":['女','男','女','男'],
      "年龄":[25,28,21,30],
      "工资":[5869.32,7256.34,6895.89,7289.72]
    }
mydf1 = pd.DataFrame(data)
mydf1
```

单击工具栏中的"运行"按钮，生成数据信息如图 4.34 所示。

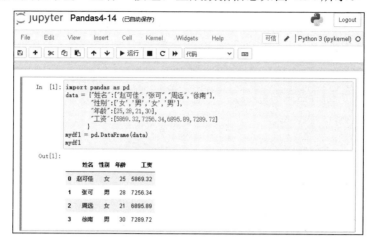

图 4.34　数据信息

利用 replace() 方法可以修改具体数据，其语法格式如下。

```
DataFrame.replace(to_replace=None,    value=None,    inplace=False,
limit= None, regex=False, method='pad')
```

语法中各参数的意义如下。

（1）to_replace：用来设置被替换的值。

（2）value：用来设置替换后的值。

（3）inplace：用来设置是否要改变原数据，False 为不改变，True 为改变，默认值为 False。

（4）limit：用来控制填充次数。

（5）regex：用来设置是否使用正则表达式，False 为不使用，True 为使用，默认值为 False。

（6）method：用来设置填充方式。

下面利用 replace() 方法把数据表中的"赵可佳"改为"王丽"，实现代码如下。

```
mydf1['姓名'].replace('赵可佳', '王丽',inplace=True)
mydf1
```

单击工具栏中的"运行"按钮，可以看到代码运行结果如图 4.35 所示。

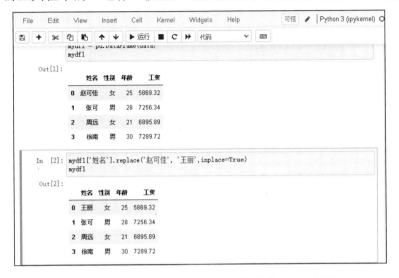

图 4.35　把"赵可佳"改为"王丽"的代码运行结果

5

第 5 章

Pandas 数据的合并与对比

在进行数据分析之前，常常将不同表格的数据进行合并和对比操作，本章就来详细讲解 Pandas 数据的合并与对比。

本章主要内容包括：

- ✓ append()方法及参数。
- ✓ 利用 append()方法实现相同结构数据表的数据追加。
- ✓ 利用 append()方法实现不同结构数据表的数据追加。
- ✓ 利用 append()方法实现忽略索引的数据追加。
- ✓ 追加 Series 序列和字典列表。
- ✓ concat()方法及参数。
- ✓ 利用 concat()方法纵向合并数据。
- ✓ 利用 concat()方法横向合并数据。
- ✓ 合并数据的交集。
- ✓ merge()方法及参数。
- ✓ 利用 merge()方法合并数据实例。
- ✓ compare()方法及参数。
- ✓ 利用 compare()方法对比数据实例。

5.1　利用append()方法追加数据

利用 Pandas 的 append()方法可以把数据追加到 DataFrame 表格数据中，这是最简单、最常用的数据合并方法。

5.1.1　append()方法及参数

append()方法的语法格式如下。

```
DataFrame.append(other,ignore_index=False,verify_integrity=False,
sort=False)
```

语法中各参数的意义如下。

（1）other：用来设置要追加的其他 DataFrame 表格数据，或者 Series、Dict、List 等数据结构。

（2）ignore_index：若设置该参数值为 True，则重新进行自然索引。

（3）verify_integrity：若设置该参数值为 True，则遇到重复索引内容时就会报错。

（4）sort：用来设置排序。若添加的表格数据与原来的表格数据列不对齐，则对列进行排序。

5.1.2　利用 append()方法实现相同结构数据表的数据追加

下面通过具体实例讲解如何利用 append()方法实现相同结构的数据追加。

打开 Jupyter Notebook，新建 Python 代码文档，在单元中输入如下代码。

```
import pandas as pd
data = {"姓名":["赵佳","张可","周远","徐南"],
        "性别":['女','男','女','男'],
        "年龄":[25,28,21,30],
        "工资":[5869.32,7256.34,6895.89,7289.72]
```

```
        }
mydf1 = pd.DataFrame(data)
mydf1
```

单击工具栏中的"运行"按钮，可以看到 mydf1 数据表中的数据信息如图 5.1 所示。

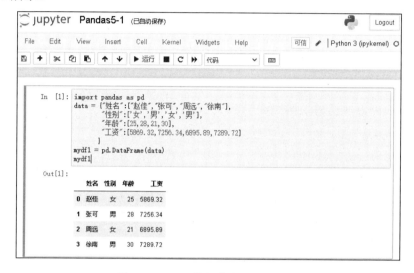

图 5.1　mydf1 数据表中的数据信息

接着在新的单元中输入如下代码。

```
data1 = {"姓名":["李红","赵闲","刘峰"],
        "性别":['女','男','男'],
        "年龄":[32,19,24],
        "工资":[6636.21,4326.49,7489.15]
        }
mydf2 = pd.DataFrame(data1)
mydf2
```

单击工具栏中的"运行"按钮，可以看到 mydf2 数据表中的数据信息如图 5.2 所示。

下面利用 append()方法把 mydf2 数据表中的数据追加到 mydf1 数据表中，实现代码如下。

```
mydf3 = mydf1.append(mydf2)
mydf3
```

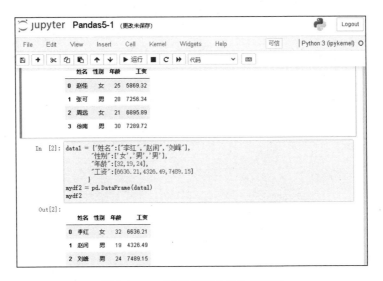

图 5.2　mydf2 数据表中的数据信息

单击工具栏中的"运行"按钮，可以看到代码运行结果如图 5.3 所示。

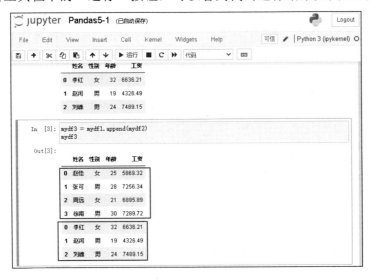

图 5.3　把 mydf2 数据表中的数据追加到 mydf1 数据表中的代码运行结果

5.1.3　利用 append()方法实现不同结构数据表的数据追加

下面通过具体实例讲解如何利用 append()方法实现不同结构数据表的数据

追加。

打开 Jupyter Notebook，新建 Python 代码文档，在单元中输入如下代码。

```python
import pandas as pd
data = {"姓名":["赵佳","张可","周远","徐南"],
        "性别":['女','男','女','男'],
        "年龄":[25,28,21,30],
        "工资":[5869.32,7256.34,6895.89,7289.72]
        }
mydf1 = pd.DataFrame(data)
print(mydf1)
print()
mydata = {"姓名":["李红","赵闲","刘峰"],
        "工资":[6636.21,4326.49,7489.15]
        }
mydf2 = pd.DataFrame(mydata)
print(mydf2)
```

单击工具栏中的"运行"按钮，可以看到生成的两张数据表的数据信息如图 5.4 所示。

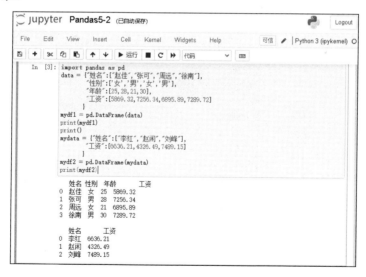

图 5.4　两张数据表的数据信息

利用 append() 方法把 mydf2 数据表中的数据追加到 mydf1 数据表中，实现代码如下。

```
mydf3 = mydf1.append(mydf2)
mydf3
```

需要注意的是，在对不同结构数据表的追加过程中，没有的列也会增加，但对应的内容为空。

单击工具栏中的"运行"按钮，可以看到代码运行结果如图 5.5 所示。

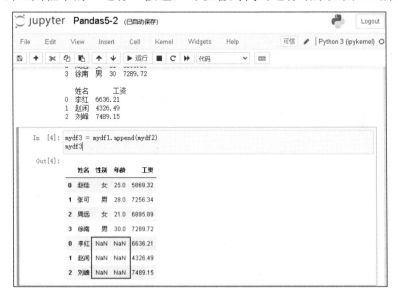

图 5.5　把 mydf2 数据表中的数据追加到 mydf1 数据表中的代码运行结果

5.1.4　利用 append()方法实现忽略索引的数据追加

忽略索引的数据追加是指在数据合并时不保留原索引而是启用新的自然索引。

下面通过具体实例讲解如何利用 append()方法实现不同结构的数据追加。

打开 Jupyter Notebook，新建 Python 代码文档，在单元中输入如下代码。

```
import pandas as pd
data = {"姓名":["赵佳","张可","周远","徐南"],
        "性别":['女','男','女','男'],
        "年龄":[25,28,21,30],
        "工资":[5869.32,7256.34,6895.89,7289.72]
```

```
        }
mydf1 = pd.DataFrame(data)
print(mydf1)
print()
data1 = {"姓名":["李红","赵闲","刘峰"],
        "年龄":[32,19,24]
        }
mydf2 = pd.DataFrame(data1)
print(mydf2)
```

单击工具栏中的"运行"按钮，可以看到两张数据表的数据信息如图 5.6 所示。

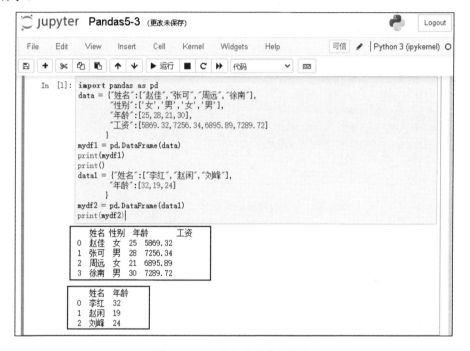

图 5.6　两张数据表的数据信息

利用 append()方法把 mydf2 数据表中的数据追加到 mydf1 数据表中，并且不保留原索引，启用新的自然索引，实现代码如下。

```
mydf3 = mydf1.append(mydf2,ignore_index=True)
mydf3
```

单击工具栏中的"运行"按钮，可以看到代码运行结果如图 5.7 所示。

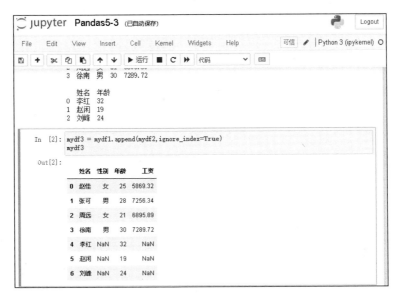

图 5.7　把 mydf2 数据表中的数据追加到 mydf1 数据表中的代码运行结果

5.1.5　追加 Series 序列

下面通过具体实例讲解追加 Series 序列的方法。

打开 Jupyter Notebook，新建 Python 代码文档，在单元中输入如下代码。

```python
import pandas as pd
data = {"姓名":["赵佳","张可","周远","徐南"],
       "性别":['女','男','女','男'],
       "年龄":[25,28,21,30],
       "工资":[5869.32,7256.34,6895.89,7289.72]

       }
mydf1 = pd.DataFrame(data)
print(mydf1)
```

单击工具栏中的"运行"按钮，可以看到数据表的数据信息如图 5.8 所示。

下面定义 Series 序列，把它们添加到数据表中，实现代码如下。

```python
mys1 = pd.Series(['李海', '男', 31,5624.78],index=['姓名','性别','年龄','工资'])
mys2 = pd.Series(['刘瑞', '女', 24,4614.41],index=['姓名','性别','
```

```
年龄', '工资'])
    mydf2 = mydf1.append([mys1,mys2], ignore_index=True)
    mydf2
```

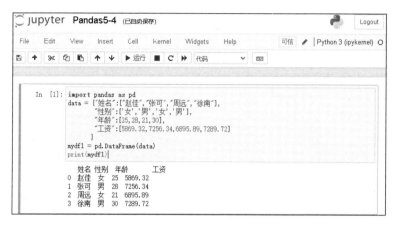

图 5.8　数据表的数据信息

在这里定义两个序列，利用 append() 方法把这两个序列添加到数据表中。

单击工具栏中的"运行"按钮，可以看到追加 Series 序列的效果如图 5.9 所示。

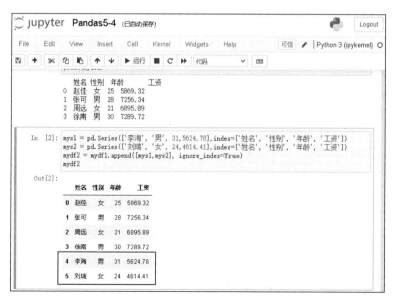

图 5.9　追加 Series 序列的效果

5.1.6　追加字典列表

下面通过具体实例讲解如何追加字典列表。

打开 Jupyter Notebook，新建 Python 代码文档，在单元中输入如下代码。

```python
import pandas as pd
data = {"姓名":["赵佳","张可","周远","徐南"],
        "性别":['女','男','女','男'],
        "年龄":[25,28,21,30],
        "工资":[5869.32,7256.34,6895.89,7289.72]
        }
mydf1 = pd.DataFrame(data)
print(mydf1)
print()
dicts = [{'姓名':'王民' , '性别': '男', '年龄': 26, '工资': 3689.2},
         {'姓名':'刘丽' , '性别': '女', '年龄': 27, '工资': 6641.8}]
mydf2 = mydf1.append(dicts, ignore_index=True)
print(mydf2 )
```

单击工具栏中的"运行"按钮，可以看到追加字典列表的效果如图 5.10 所示。

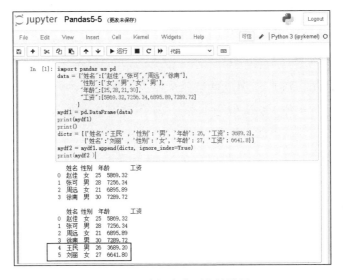

图 5.10　追加字典列表的效果

5.2 利用concat()方法合并数据

利用 concat()方法合并数据，不仅可以纵向合并，也可以横向合并。纵向合并是按列拓展，生成长数据；横向合并是按行延伸，生成宽数据。

5.2.1 concat()方法及参数

concat()方法的语法格式如下。

```
DataFrame.concat(objs,axis=0,join='outer',join_axes=None,ignore_
index=False,keys=None,levels=None,names=None,verify_integrity=False,
copy=True)
```

语法中各参数的意义如下。

（1）objs：用来设置要合并的 DataFrame 表格数据，或者 Series、Dict 等数据结构。

（2）axis：用来设置合并数据的方向，如果其值为 0，则表示纵向合并，生成长数据；如果其值为1，则表示横向合并，生成宽数据。

（3）join：用来设置合并数据是并集还是交集，如果其值为 outer，则表示并集；如果其值为 inner，则表示交集。

（4）join_axes：可以利用该参数指定根据哪个轴来对齐数据。

（5）ignore_index：如果设置该参数值为 True，则重新进行自然索引。

（6）keys：序列，默认值为 None。使用传递的键作为最外层构建层次索引，如果为多索引，则应该使用元组。

（7）levels：序列列表，默认值为 None，用于构建多索引的特定级别（唯一值）。

（8）names：序列列表，默认值为 None，用于显示层次索引中的级别名称。

（9）verify_integrity：若设置该参数值为 True，则遇到重复索引内容时会报错。

（10）copy：用来设置是否要复制数据。

5.2.2　利用 concat()方法纵向合并数据

下面通过具体实例讲解如何利用 concat()方法纵向合并数据。

打开 Jupyter Notebook，新建 Python 代码文档，在单元中输入如下代码。

```python
import pandas as pd
data = {"姓名":["赵佳","张可","周远","徐南"],
        "性别":['女','男','女','男'];
        "年龄":[25,28,21,30],
        "工资":[5869.32,7256.34,6895.89,7289.72]
        }
mydf1 = pd.DataFrame(data)
display(mydf1)
data1 = {"姓名":["李红","赵闲","刘峰"],
        "性别":['女','男','男'],
        "工资":[6636.21,4326.49,7489.15]
        }
mydf2 = pd.DataFrame(data1)
display(mydf2)
```

单击工具栏中的"运行"按钮，可以看到两张数据表的数据信息如图 5.11
所示。

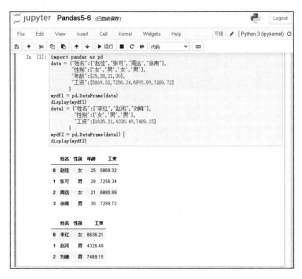

图 5.11　两张数据表的数据信息

下面利用 concat()方法纵向合并数据，具体实现代码如下。

```
mydf3=pd.concat([mydf1,mydf2],ignore_index=True)
display(mydf3)
```

单击工具栏中的"运行"按钮，可以看到代码运行结果如图 5.12 所示。

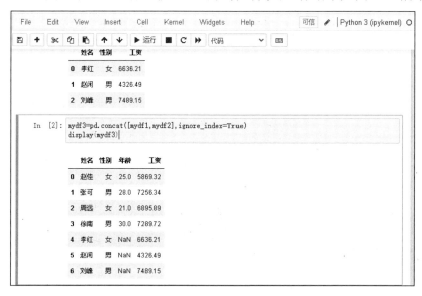

图 5.12　纵向合并数据的代码运行结果

5.2.3　利用 concat()方法横向合并数据

下面通过具体实例讲解如何利用 concat()方法横向合并数据。

打开 Jupyter Notebook，新建 Python 代码文档，在单元中输入如下代码。

```
import pandas as pd
data = {"姓名":["赵佳","张可","周远","徐南"],
    "性别":['女','男','女','男'],
    "年龄":[25,28,21,30],
    "工资":[5869.32,7256.34,6895.89,7289.72]
    }
mydf1 = pd.DataFrame(data)
display(mydf1)
data1 = {"部门":["技术部","销售部","人事部"],
```

```
    "工龄":[4,7,2]
        }
mydf2 = pd.DataFrame(data1)
display(mydf2)
```

单击工具栏中的"运行"按钮，可以看到两张数据表的数据信息如图 5.13 所示。

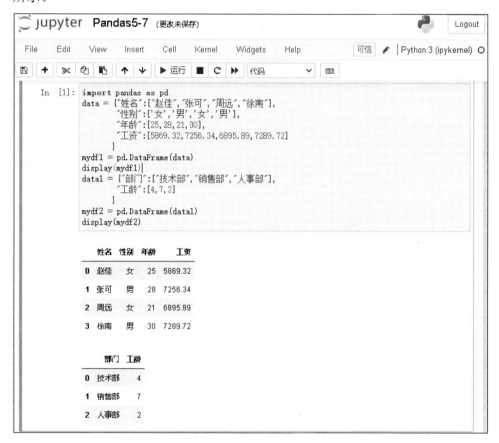

图 5.13　两张数据表的数据信息

下面利用 concat()方法横向合并数据，具体实现代码如下。

```
mydf3 = pd.concat([mydf1,mydf2],axis = 1)
display(mydf3)
```

单击工具栏中的"运行"按钮，可以看到代码运行结果如图 5.14 所示。

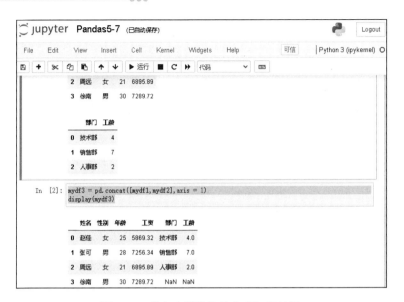

图 5.14　横向合并数据的代码运行结果

5.2.4　合并数据的交集

前面讲解了利用 concat()方法合并数据，无论是纵向合并，还是横向合并，都是采用并集方式，即没有的列会增加，没有对应的内容会为空。下面详细讲解合并数据的交集。

纵向合并数据的交集方式是有相同列名的数据合并显示，没有相同列名的数据不显示。横向合并数据的交集方式是有相同行索引的数据合并显示，没有相同行索引的数据不显示。

下面通过具体实例讲解如何合并数据的交集。

打开 Jupyter Notebook，新建 Python 代码文档，在单元中输入如下代码。

```
import pandas as pd
data = {"姓名":["赵佳","张可","周远","徐南"],
       "性别":['女','男','女','男'],
       "年龄":[25,28,21,30],
       "工资":[5869.32,7256.34,6895.89,7289.72]
       }
mydf1 = pd.DataFrame(data)
```

```
display(mydf1)
data1 = {"姓名":["李红","赵闲","刘峰"],
        "工资":[6636.21,4326.49,7489.15]
       }
mydf2 = pd.DataFrame(data1)
display(mydf2)
```

单击工具栏中的"运行"按钮，可以看到两张数据表的数据信息如图 5.15 所示。

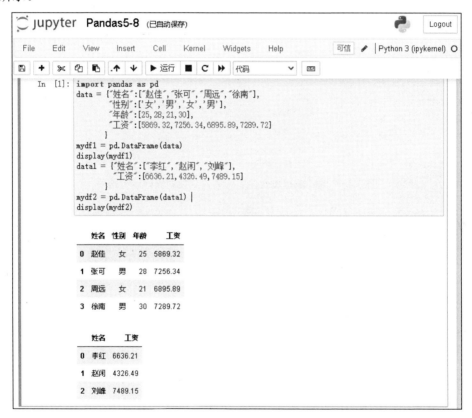

图 5.15　两张数据表的数据信息

下面来看一下这两张数据表合并后的纵向交集，具体实现代码如下。

```
mydf3 = pd.concat([mydf1,mydf2],join='inner', ignore_index=True)
display(mydf3)
```

单击工具栏中的"运行"按钮，可以看到代码运行结果如图 5.16 所示。

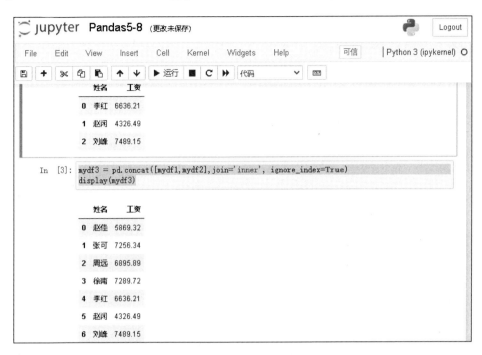

图 5.16 两张数据表合并后的纵向交集的代码运行结果

下面再来看一下两张表合并后的横向交集，具体代码如下。

```
import pandas as pd
data = {"姓名":["赵佳","张可","周远","徐南"],
        "性别":['女','男','女','男'],
        "年龄":[25,28,21,30],
        "工资":[5869.32,7256.34,6895.89,7289.72]
        }
mydf1 = pd.DataFrame(data)
display(mydf1)
data1 = {"部门":["技术部","销售部","人事部"],
        "工龄":[4,7,2]
        }
mydf2 = pd.DataFrame(data1)
display(mydf2)
pd.concat([mydf1,mydf2], axis = 1,join='inner')
```

单击工具栏中的"运行"按钮，可以看到代码运行结果如图5.17所示。

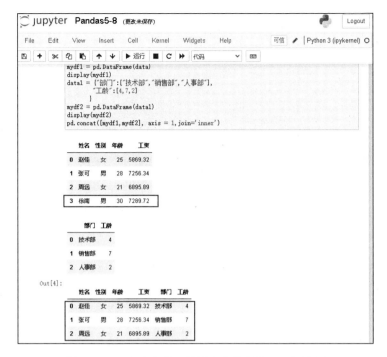

图 5.17　两张表合并后的横向交集的代码运行结果

5.3　利用merge()方法合并数据

利用 merge()方法合并数据更加灵活且实用性更强。merge()方法合并数据有 4 种方式，分别是内连接、左外连接、右外连接和全外连接。

5.3.1　merge()方法及参数

merge()方法的语法格式如下。

```
DataFrame.merge(left, right, how='inner', on=None, left_on=None,
right_ on=None,left_index=False, right_index=False, sort=True)
```

语法中各参数的意义如下。

（1）left：一个 DataFrame 表格数据。

（2）right：另一个 DataFrame 表格数据。

（3）how：可以设置 4 个值，分别为 inner（内连接）、left（左外连接）、right（右外连接）和 outer（全外连接），其默认值为 inner。

（4）on：列（名称）连接。

（5）left_on：左侧 DataFrame 表格中的列用作键。

（6）right_on：右侧 DataFrame 表格中的列用作键。

（7）left_index：如果值设置为 True，则使用左侧 DataFrame 表格中的索引（行标签）作为其连接键。

（8）right_index：如果值设置为 True，则使用右侧 DataFrame 表格中的索引（行标签）作为其连接键。

（9）sort：按照字典顺序通过连接键对结果 DataFrame 表格数据进行排序，默认值为 True，当设置值为 False 时，在很多情况下会大大提高数据合并的运算性能。

5.3.2　利用 merge()方法合并数据实例

下面通过具体实例讲解如何利用 merge()方法实现内连接、左外连接、右外连接及全外连接。

打开 Jupyter Notebook，新建 Python 代码文档，在单元中输入如下代码。

```
import pandas as pd
import numpy as np
data = {  "编号":[100001,100012,100003,100004],
        "日期":pd.date_range('20211108', periods=4),
        "姓名":["赵佳","张可","周远","徐南"],
        "性别":['女','男','女','男'],
        "年龄":[25,28,21,30],
        "工资":[5869.32,7256.34,6895.89,7289.72]
      }
mydf1 = pd.DataFrame(data)
display(mydf1)
data1 = {  "编号":[100001,10002,100053],
        "部门":["技术部","销售部","人事部"],
```

```
        "工龄":[4,7,2]
    }
mydf2 = pd.DataFrame(data1)
display(mydf2)
```

说明：代码中的编号可以连续，也可以不连续，为了更有代表性，这里的编号不连续。

单击工具栏中的"运行"按钮，可以看到两张数据表的数据信息如图 5.18 所示。

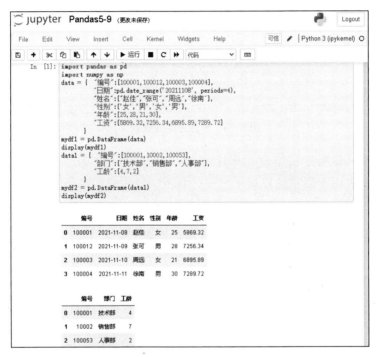

图 5.18　两张数据表的数据信息

内连接是同时将两张数据表作为参考对象，根据相同的列（编号）将两张表连接起来，这样两张表编号相同的部分才会显示出来。

下面利用 merge()方法实现内连接，具体代码如下。

```
df_inner=pd.merge(mydf1,mydf2,how='inner')
display(df_inner)
```

单击工具栏中的"运行"按钮，可以看到内连接的实现效果如图 5.19 所示。

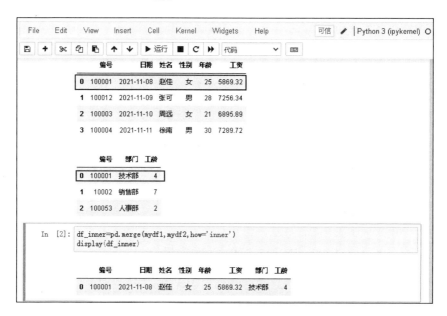

图 5.19　内连接的实现效果

左外连接是将左表作为参考对象，根据相同的列（编号）将两张表连接起来，这样左表所有数据信息显示出来，右表编号相同的部分才会显示出来，表不足的地方用 NaN 填充。

下面利用 merge()方法实现左外连接，具体代码如下。

```
df_left=pd.merge(mydf1,mydf2,how='left')
display(df_left)
```

单击工具栏中的"运行"按钮，可以看到左外连接的实现效果如图 5.20 所示。

右外连接是将右表作为参考对象，根据相同的列（编号）将两张表连接起来，这样右表所有数据信息显示出来，左表编号相同的部分才会显示出来，表不足的地方用 NaN 填充。

下面利用 merge()方法实现右外连接，具体代码如下。

```
df_right=pd.merge(mydf1,mydf2,how='right')
display(df_right)
```

单击工具栏中的"运行"按钮，可以看到右外连接的实现效果如图 5.21 所示。

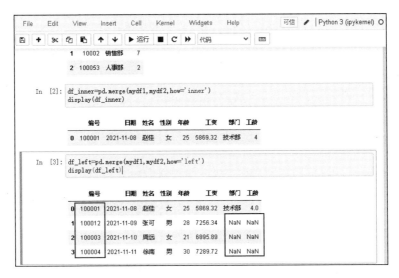

图 5.20　左外连接的实现效果

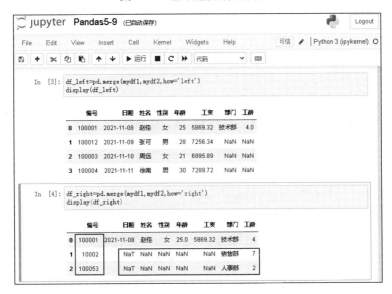

图 5.21　右外连接的实现效果

全外连接左表和右表都不作限制，将所有的记录都显示出来，表不足的地方用 NaN 填充。

下面利用 merge()方法实现全外连接，具体代码如下。

```
df_outer = pd.merge(mydf1,mydf2,how='outer')
display(df_outer)
```

单击工具栏中的"运行"按钮，可以看到全外连接的实现效果如图 5.22 所示。

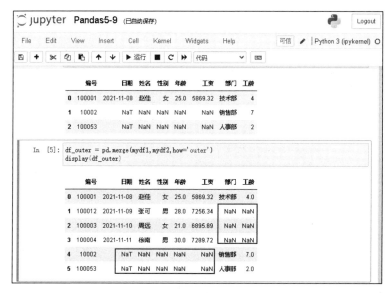

图 5.22　全外连接的实现效果

5.4　利用compare()方法对比数据

前面讲解了利用 append()方法、concat()方法及 merge()方法进行数据合并，下面讲解如何利用 compare()方法对比数据。

5.4.1　compare()方法及参数

compare()方法的语法格式如下。

```
DataFrame.compare(other,align_axis=1,keep_shape=False,keep_equal
=False)
```

语法中各参数的意义如下。

（1）other：指定要比较的 DataFrame 数据表。

（2）align_axis：用来设置对比数据的方向，如果其值为 0，则表示纵向对比，即从 self 和 other 交替绘制的行；如果其值为 1，则表示横向对比，即从 self 和 other 交替绘制的列。

（3）keep_shape：如果其值为 True，则保留所有行和列，否则仅保留具有不同值的行和列。

（4）keep_equal：如果其值为 True，则保留相等的值，否则相等的值将显示为 NaN。

5.4.2　利用 compare()方法对比数据实例

下面通过具体实例讲解如何利用 compare()方法对比数据。

打开 Jupyter Notebook，新建 Python 代码文档，在单元中输入如下代码。

```
import pandas as pd
import numpy as np
data = {  "编号":[100001,100012,100003,100004],
        "日期":pd.date_range('20211108', periods=4),
        "姓名":["赵佳","张可","周远","徐南"],
        "性别":['女','男','女','男'],
        "年龄":[25,28,21,30],
        "工资":[5869.32,7256.34,6895.89,7289.72]
      }
mydf1 = pd.DataFrame(data)
display(mydf1)
```

单击工具栏中的"运行"按钮，可以看到数据表的数据信息如图 5.23 所示。

下面先利用 copy()方法复制数据表，再利用 loc[ ]（[]为索引运算符，在第 7 章有详细讲解）来修改数据，具体实现代码如下。

```
mydf2 = mydf1.copy()
mydf2.loc[0, '姓名'] = '王心龙'
mydf2.loc[1, '年龄'] = 42
mydf2.loc[3, '工资'] = 4611.11
display(mydf2)
```

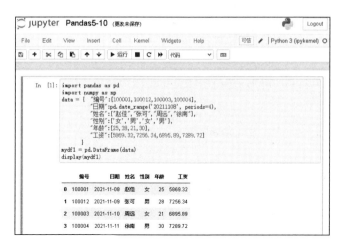

图 5.23　数据表的数据信息

在这里把第 1 行中的"姓名"改为"王心龙",第 2 行中的"年龄"改为"42",第 4 行中的"工资"改为"4611.11"。

单击工具栏中的"运行"按钮,可以看到代码运行结果如图 5.24 所示。

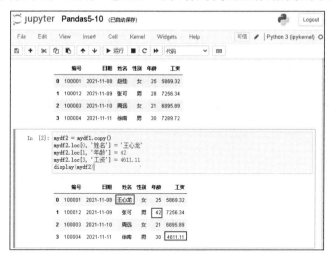

图 5.24　复制数据表并修改数据的代码运行结果

下面利用 compare()方法对比数据,具体实现代码如下。

```
mydf1.compare(mydf2)
```

利用 compare()方法实现横向对比数据,是从 self 和 other 交替绘制的列。

单击工具栏中的"运行"按钮,可以看到代码运行结果如图 5.25 所示。

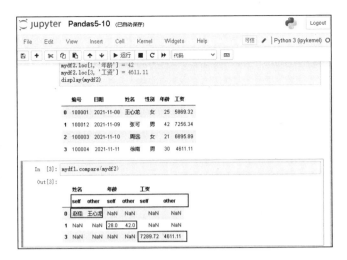

图 5.25　横向对比数据的代码运行结果

设置 align_axis=0，可以实现纵向数据对比，即从 self 和 other 交替绘制的行，具体实现代码如下。

```
mydf1.compare(mydf2,align_axis=0)
```

单击工具栏中的"运行"按钮，可以看到代码运行结果如图 5.26 所示。

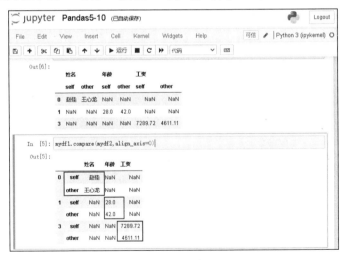

图 5.26　纵向对比数据的代码运行结果

设置 keep_equal=True，可以显示两张数据表相等的值，具体实现代码如下。

```
mydf1.compare(mydf2,align_axis=0,keep_equal=True)
```

单击工具栏中的"运行"按钮，可以看到代码运行结果如图 5.27 所示。

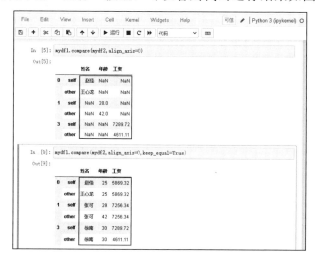

图 5.27　显示两张数据表相等的值的代码运行结果

设置 keep_shape=True，可以显示所有行和列，具体实现代码如下。

```
mydf1.compare(mydf2,align_axis=0,keep_equal=True,keep_shape=True)
```

单击工具栏中的"运行"按钮，可以看到代码运行结果如图 5.28 所示。

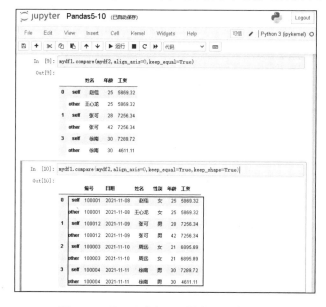

图 5.28　显示所有行和列的代码运行结果

第6章

Pandas 数据的预处理

在进行数据分析之前，除了要对数据进行清洗、合并、对比之外，有时还需要对数据进行预处理，即设置索引列、排序、分组标记及列的拆分等工作。

本章主要内容包括：

✓ Pandas 索引的作用。

✓ set_index()方法及参数。

✓ 利用 set_index()方法设置索引列实例。

✓ 利用 reset_index()方法还原索引列实例。

✓ 按索引排序。

✓ 按指定列排序。

✓ 利用 where()方法添加分组标记。

✓ 根据多个条件进行分组标记。

✓ 列的拆分。

6.1 设置索引列

索引是为了加速对数据行的检索而创建的一种分散存储结构。创建了索引的列在检索时会立即响应，不创建索引的列在检索时需要较长时间的等待。

6.1.1 Pandas 索引的作用

Pandas 索引的具体作用如下。

（1）可以更方便、快捷地查询数据。

（2）使用 index 索引可以使检索性能提升。如果 index 索引是唯一的，Pandas 会适应哈希表优化检索；如果 index 索引不是唯一的但是有序，Pandas 会使用二分查找算法检索；如果 index 索引是完全随机的，那么每次查询都要扫描全表。

（3）更多更强大的数据结构支持。CategoricalIndex 是基于分类数据的 index 索引，可以提升检索性能；MultiIndex 是多维索引，用于 groupby 多维聚合后的检索；DatetimeIndex 是时间类型索引，具有强大的日期和时间检索功能。

6.1.2 set_index()方法及参数

set_index()方法的语法格式如下。

```
DataFrame.set_index(keys,drop=True,append=False,inplace=False,ve
rify_integrity=False)
```

语法中各参数的意义如下。

（1）keys：用来设置 index 索引的列名。

（2）drop：将某列设置为 index 索引后，用来决定是否删除该列，默认值为 True，即删除该列，如果设置为 False，则不删除该列。

（3）append：新的 index 索引设置之后，用来决定是否要删除原来的 index 索引，默认值为 True，即删除原来的索引，如果设置为 False，则不删除原来的索引。

（4）inplace：用来决定是否要用新的 DataFrame 数据表替代原来的 DataFrame 数据表，默认值为 True，即替代原来的 DataFrame 数据表，如果设置为 False，则不替代原来的 DataFrame 数据表。

（5）verify_integrity：如果设置为 True，则遇到重复索引内容时就会报错。

6.1.3　利用 set_index()方法设置索引列实例

下面通过具体实例讲解如何利用 set_index()方法设置索引列。

打开 Jupyter Notebook，新建 Python 代码文档，在单元中输入如下代码。

```python
import pandas as pd
import numpy as np
data = {  "编号":[100001,100012,100003,100004],
        "日期":pd.date_range('20211108', periods=4),
        "姓名":["赵佳","张可","周远","徐南"],
        "性别":['女','男','女','男'],
        "年龄":[25,28,21,30],
        "工资":[5869.32,7256.34,6895.89,7289.72]
        }
mydf1 = pd.DataFrame(data)
display(mydf1)
```

单击工具栏中的"运行"按钮，可以看到数据表中的数据信息如图 6.1 所示。

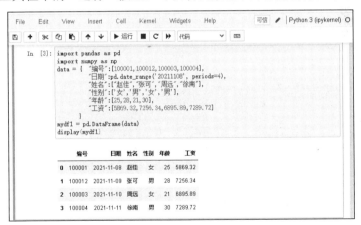

图 6.1　数据表中的数据信息

下面利用 set_index()方法设置"日期"列为索引列，具体实现代码如下。

```python
mydf1.set_index(['日期'])
```

单击工具栏中的"运行"按钮，可以看到代码运行结果如图 6.2 所示。

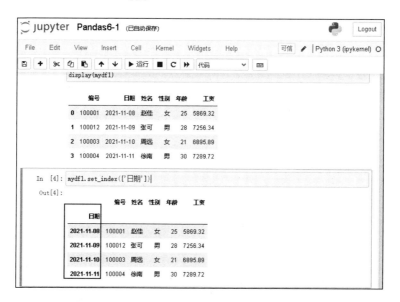

图 6.2　设置"日期"列为索引列的代码运行结果

　　利用同样的方法还可以设置双索引列，下面把"姓名"和"编号"两列设置为双索引列，具体实现代码如下。

```
mydf1.set_index(['姓名','编号'])
```

　　单击工具栏中的"运行"按钮，可以看到代码运行结果如图 6.3 所示。

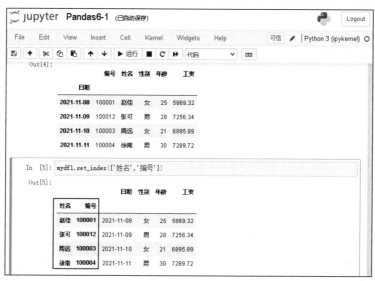

图 6.3　把"姓名"和"编号"两列设置为双索引列的代码运行结果

在默认情况下，设置索引列后，该列就会被删除，可以通过设置 drop=False，不删除该列，具体实现代码如下。

```
mydf1.set_index(['姓名','编号'],drop=False)
```

单击工具栏中的"运行"按钮，可以看到代码运行结果如图 6.4 所示。

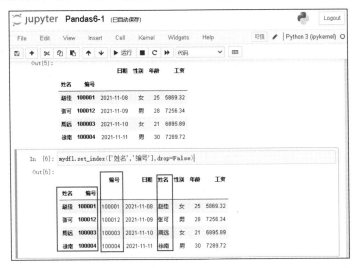

图 6.4　不删除索引列后的代码运行结果

6.1.4　利用 reset_index()方法还原索引列实例

下面通过具体实例讲解如何利用 reset_index()方法还原索引列。

打开 Jupyter Notebook，新建 Python 代码文档，在单元中输入如下代码。

```
import pandas as pd
import numpy as np
data = {  "编号":[100001,100012,100003,100004],
       "日期":pd.date_range('20211108', periods=4),
       "姓名":["赵佳","张可","周远","徐南"],
       "性别":['女','男','女','男'],
       "年龄":[25,28,21,30],
       "工资":[5869.32,7256.34,6895.89,7289.72]
     }
mydf1 = pd.DataFrame(data)
```

```
mydf1.set_index(['姓名','日期'],inplace=True)
display(mydf1)
```

这里首先把"姓名"和"日期"两列都设为索引列，然后显示该数据表。单击工具栏中的"运行"按钮，可以看到代码运行结果如图 6.5 所示。

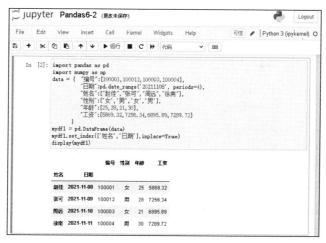

图 6.5　把"姓名"和"日期"两列都设为索引列的代码运行结果

还原索引列即把两个索引列都变成普通列，实现代码如下。

```
mydf1.reset_index()
```

单击工具栏中的"运行"按钮，可以看到代码运行结果如图 6.6 所示。

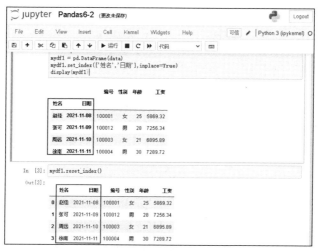

图 6.6　还原索引列的代码运行结果

如果有两个索引列，则可以利用 level 属性还原其中一个索引列。需要注意，第一个索引列的 level 属性为 0，第二个索引列的 level 属性为 1。假如还原第一个索引列，实现代码如下。

```
mydf1.reset_index(level=0)
```

单击工具栏中的"运行"按钮，可以看到代码运行结果如图 6.7 所示。

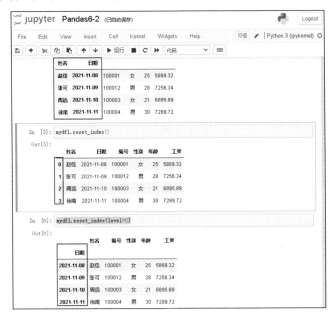

图 6.7　还原第一个索引列的代码运行结果

6.2　排序

排序是指将一组杂乱无章的数据记录序列调整为有序的记录序列。经过排序后就可以非常直观方便地查看和比较数据了。

6.2.1　按索引列排序

下面通过具体实例讲解如何按索引列进行数据排序。

打开 Jupyter Notebook，新建 Python 代码文档，在单元中输入如下代码。

```
import pandas as pd
import numpy as np
data = {  "编号":[100001,100012,100003,100004],
          "日期":pd.date_range('20211108', periods=4),
          "姓名":["赵佳","张可","周远","徐南"],
          "性别":['女','男','女','男'],
          "年龄":[25,28,21,30],
          "工资":[5869.32,7256.34,6895.89,7289.72]
        }
mydf1 = pd.DataFrame(data)
mydf1.set_index(['编号'],inplace=True)
display(mydf1)
```

首先创建 DataFrame 数据表；然后把"编号"列设为索引列；最后显示该数据表中的数据。

单击工具栏中的"运行"按钮，可以看到代码运行结果如图 6.8 所示。

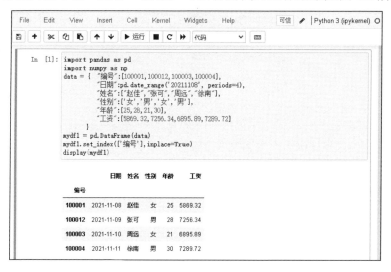

图 6.8　把"编号"列设为索引列的代码运行结果

下面按"编号"列进行升序排列，即按索引列进行升序排列，实现代码如下。

```
display(mydf1.sort_index())
```

单击工具栏中的"运行"按钮，可以看到代码运行结果如图 6.9 所示。

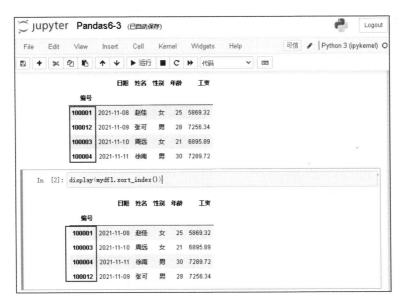

图 6.9　按"编号"列进行升序排列的代码运行结果

按"编号"列进行降序排列，即按索引列降序排列，实现代码如下。

```
display(mydf1.sort_index(ascending=False))
```

单击工具栏中的"运行"按钮，可以看到代码运行结果如图 6.10 所示。

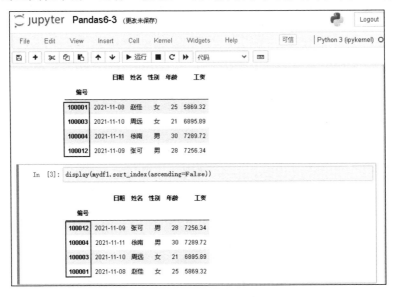

图 6.10　按"编号"列进行降序排列的代码运行结果

6.2.2 按指定列排序

下面通过具体实例讲解如何按指定列进行数据排序。

打开 Jupyter Notebook，新建 Python 代码文档，在单元中输入如下代码。

```python
import pandas as pd
import numpy as np
data = { "编号":[100001,100012,100003,100004],
        "日期":pd.date_range('20211108', periods=4),
        "姓名":["赵佳","张可","周远","徐南"],
        "性别":['女','男','女','男'],
        "年龄":[25,28,21,30],
        "工资":[5869.32,7256.34,6895.89,7289.72]
    }
mydf1 = pd.DataFrame(data)
display(mydf1)
```

单击工具栏中的"运行"按钮，显示 DataFrame 数据表数据信息如图 6.11 所示。

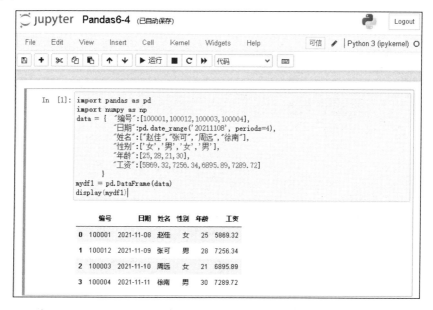

图 6.11　DataFrame 数据表数据信息

下面按"工资"列进行升序排列，实现代码如下。

```
display(mydf1.sort_values(by='工资'))
```

单击工具栏中的"运行"按钮，可以看到代码运行结果如图 6.12 所示。

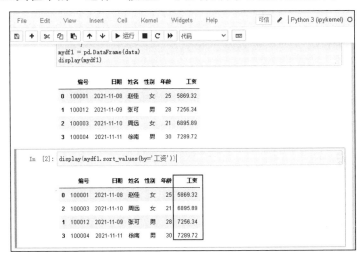

图 6.12　按"工资"列进行升序排列的代码运行结果

下面按"工资"列进行降序排列，实现代码如下。

```
display(mydf1.sort_values(by='工资',ascending=False))
```

单击工具栏中的"运行"按钮，可以看到代码运行结果如图 6.13 所示。

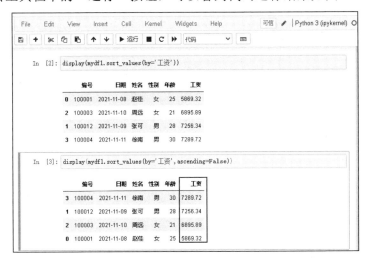

图 6.13　按"工资"列进行降序排列的代码运行结果

6.3 分组标记

在数据处理过程中，有时需要根据 DataFrame 数据表中的数据添加分组标记，下面详细介绍分组标记的添加方法。

6.3.1 利用 where()方法添加分组标记

利用 NumPy 的 where()方法可以添加分组标记，其语法格式如下。

```
numpy.where (condition[, x, y])
```

在该语法中，当满足 condition 条件时输出 x，若不满足，则输出 y。

下面通过具体实例讲解如何利用 where()方法添加分组标记。

打开 Jupyter Notebook，新建 Python 代码文档，在单元中输入如下代码。

```
import pandas as pd
data = {  "编号":[100001,100012,100003,100004,100005,100006,100007,
10008],
        "姓名":["赵佳","张可","周远","徐南","赵杰","王永亮","李丽","曲波",],
        "性别":['女','男','女','男','男','男','女','男'],
        "年龄":[25,32,21,35,22,25,31,36],
        "工资":[5869.32,7256.34,6895.89,7289.72,4895.21,6512.89,
8865.38,8281.45]
        }
mydf1 = pd.DataFrame(data)
display(mydf1)
```

单击工具栏中的"运行"按钮，显示 DataFrame 数据表数据信息如图 6.14 所示。

下面利用 where()方法添加分组标记，条件是工资大于 7000，就是高，否则就是低，实现代码如下。

```
import numpy as np
mydf1['工资分组'] =np.where(mydf1['工资'] >7000,'高','低')
display(mydf1)
```

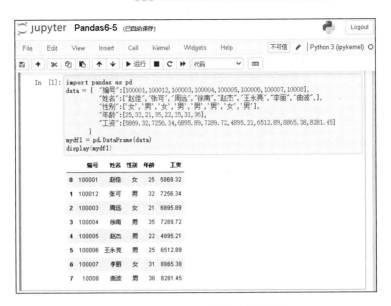

图 6.14　DataFrame 数据表数据信息

单击工具栏中的"运行"按钮，可以看到代码运行结果如图 6.15 所示。

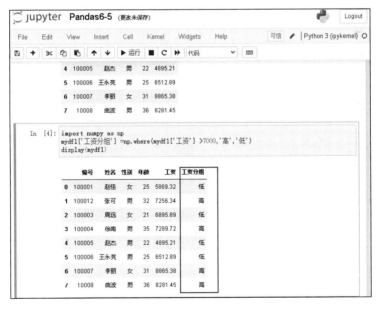

图 6.15　利用 where()方法添加分组标记的代码运行结果

下面根据年龄来分组，年龄小于等于 30 为新职工，大于 30 为骨干职工，实现代码如下。

```
import numpy as np
mydf1['年龄分组'] =np.where(mydf1['年龄'] <=30,'新职工','骨干职工')
display(mydf1)
```

单击工具栏中的"运行"按钮，可以看到代码运行结果如图 6.16 所示。

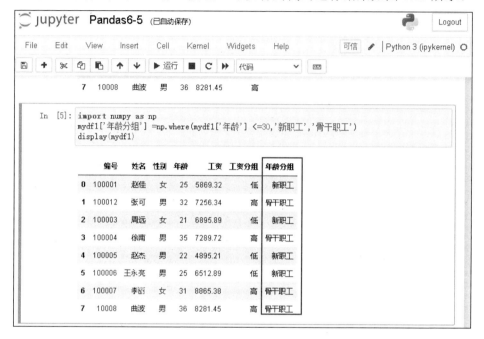

图 6.16 根据年龄来分组的代码运行结果

6.3.2 根据多个条件进行分组标记

利用 Pandas 中的 loc 属性可以实现根据多个条件进行分组标记，下面通过具体实例进行讲解。

打开 Jupyter Notebook，新建 Python 代码文档，在单元中输入如下代码。

```
import pandas as pd
mydf1 = pd.read_excel('myexcel1.xls',sheet_name=1)
display(mydf1)
```

单击工具栏中的"运行"按钮，可以看到导入 Excel 表格中的数据信息如图 6.17 所示。

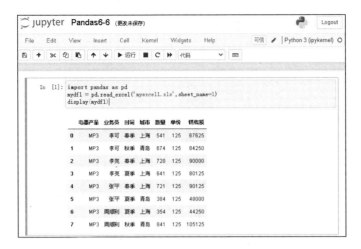

图 6.17　导入 Excel 表格中的数据信息

下面利用 loc 属性实现通过多个条件进行分组标记,这里把时间设为春季,同时将数量大于 500 的标记列的值设为 1.0,实现代码如下。

```
mydf1.loc[(mydf1['时间'] == '春季') & (mydf1['数量']>500),'标记1']=1.0
display(mydf1)
```

其中,==表示等于;&表示逻辑与。注意,满足上述条件的数据标记为 1.0,不满足上述条件的数据标记为 NaN。

单击工具栏中的"运行"按钮,可以看到代码运行结果如图 6.18 所示。

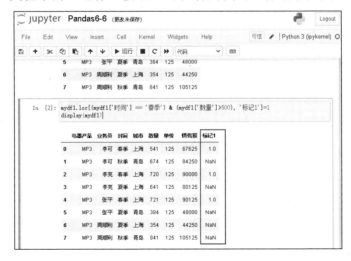

图 6.18　利用 loc 属性实现通过多个条件进行分组标记的代码运行结果 1

下面把时间设为春季或秋季，销售额大于等于 60000 的标记为"好"，实现代码如下。

```
mydf1.loc[((mydf1['时间'] == '春季')|(mydf1['时间'] == '秋季'))
        & (mydf1['销售额']>=60000), '标记2']='好'
display(mydf1)
```

单击工具栏中的"运行"按钮，可以看到代码运行结果如图 6.19 所示。

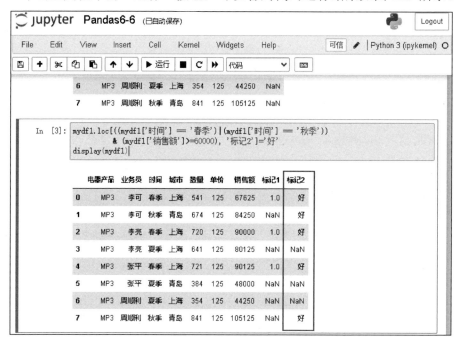

图 6.19　利用 loc 属性实现通过多个条件进行分组标记的代码运行结果 2

利用 where()方法也可以实现多个条件分组标记。满足数量小于等于 700，同时城市为青岛的标记为"bad"，否则标记为"good"，实现代码如下。

```
import numpy as np
mydf1['标记3'] =np.where((mydf1['数量'] <=700)&(mydf1['城市']=='青
岛'),'bad','good')
display(mydf1)
```

单击工具栏中的"运行"按钮，可以看到代码运行结果如图 6.20 所示。

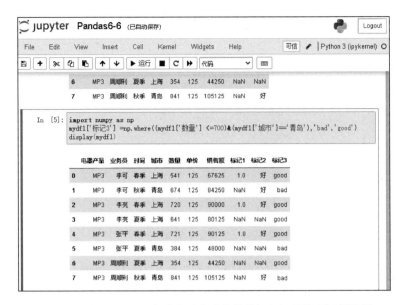

图 6.20　利用 where()方法实现多个条件分组标记的代码运行结果

6.4　列的拆分

下面通过具体实例讲解如何进行列的拆分。

打开 Jupyter Notebook，新建 Python 代码文档，在单元中输入如下代码。

```
import pandas as pd
import numpy as np
data = {  "编号":[100001,100012,100003],
        "日期":pd.date_range('20211108', periods=3),
        "类型":["computer","phone","pad"],
        "品牌":['Mac-Dell-Lenovo','Mac-XiaoMi-HuaWei','Mac-HuaWei'],
        "价格":[5869.32,7256.34,3895.89]
       }
mydf1 = pd.DataFrame(data)
mydf1.set_index(['编号'],inplace=True)
display(mydf1)
```

单击工具栏中的“运行”按钮，显示 DataFrame 数据表数据信息如图 6.21
所示。

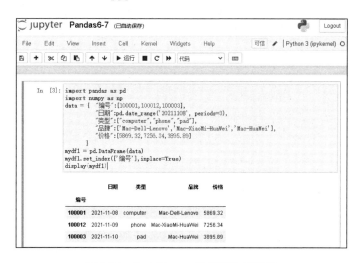

图 6.21　DataFrame 数据表数据信息

下面把"品牌"列进行拆分，当截取的内容长度和位置固定时，可直接使用字符串进行拆分，具体实现代码如下。

```
mydf1['品牌-1'] = mydf1.品牌.astype('str').str[0:3]
display(mydf1)
```

在这里利用 astype()方法把"品牌"列的类型设为字符串型就可以进行字符串拆分了。

单击工具栏中的"运行"按钮，可以看到代码运行结果如图 6.22 所示。

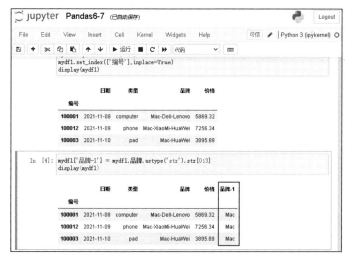

图 6.22　对内容长度和位置固定列的拆分的代码运行结果

若截取内容的长度不固定，如"品牌"列中短横线(-)的中间部分字符串长度不一致，可以使用字符串分割函数 split()进行拆分，其语法格式如下。

```
split(sep,n,expand=false)
```

语法中各参数的意义如下。

（1）sep：表示用于分割的字符。

（2）n：表示要分割成多少列。

（3）expand：如果其值为 True，则输出 Series 序列；如果其值为 False，则输出 Dataframe 数据表。

下面来看一下如何利用 split()函数分割字符串，具体实现代码如下。

```
mydf1['品牌-2'] = mydf1.品牌.apply(lambda x: x.split('-')[1])
display(mydf1)
```

其中，lambda x 作为 lambda 表达式，是一个匿名函数，即没有函数名的函数，其返回值就是"品牌"列中短横线(-)的中间部分。

单击工具栏中的"运行"按钮，可以看到代码运行结果如图 6.23 所示。

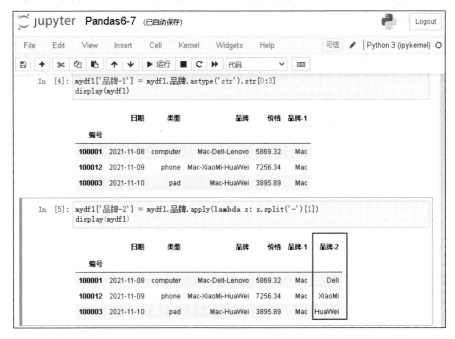

图 6.23　对内容长度不固定列进行拆分的代码运算结果

当分隔符个数不同时，需要对分隔符的个数做出判断，在本实例中是短横线(-)，当其个数小于 2 时，返回 NaN，具体代码如下。

```
mydf1['品牌-3'] = mydf1.品牌.apply(lambda x: x.split('-')[2]
                                  if x.count('-') >= 2 else np.nan)
display(mydf1)
```

单击工具栏中的"运行"按钮，可以看到代码运行结果如图 6.24 所示。

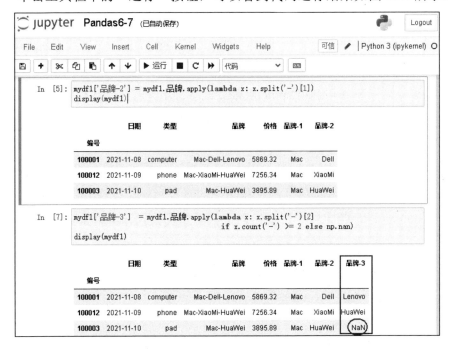

图 6.24　对分隔符的个数做出判断的代码运行结果

第 7 章

7

Pandas 数据的提取

数据分析的第一步是提取数据，即选取用户需要的数据。在 Pandas 中，提取数据有 4 种方法，分别是 loc[ ]、iloc[ ]、属性和 for 循环。

本章主要内容包括：

- ✓ 利用 loc[ ]提取整行数据。
- ✓ 利用 loc[ ]提取整列数据。
- ✓ 利用 loc[ ]提取具体数据。
- ✓ 利用 iloc[ ]提取整行数据。
- ✓ 利用 iloc[ ]提取整列数据。
- ✓ 利用 iloc[ ]提取具体数据。
- ✓ 利用属性提取数据。
- ✓ 利用 for 循环提取数据。

7.1 利用loc[ ]提取数据

提取 DataFrame 数据表中的数据信息，可以利用 loc[ ]，其中"[ ]"是索引运算符。

loc[ ]的语法格式如下。

```
DataFrame.loc[行标签名/[行标签名列表],列标签名/[列标签名列表]]
```

loc[ ]有两个输入参数，第一个指定行名，第二个指定列名。当只有一个参数时，默认为行名（即抽取整行），这时所有列都选中。

7.1.1 利用 loc[ ]提取整行数据

下面通过具体实例讲解如何利用 loc[ ]提取整行数据。

打开 Jupyter Notebook，新建 Python 代码文档，在单元中输入如下代码。

```
import pandas as pd
mydf = pd.read_excel('myexcel1.xls',sheet_name=1)
display(mydf)
```

单击工具栏中的"运行"按钮，显示 Sheet2 工作表中的数据信息如图 7.1 所示。

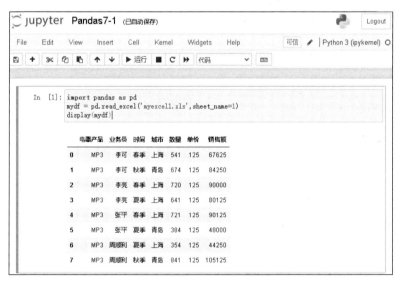

图 7.1　Sheet2 工作表中的数据信息

利用 loc[ ]提取第 1 行数据信息，实现代码如下。

```
mydf.loc[0]
```

需要注意，第 1 行的行标签名为 0，而不是 1。

单击工具栏中的"运行"按钮，可以看到代码运行结果如图 7.2 所示。

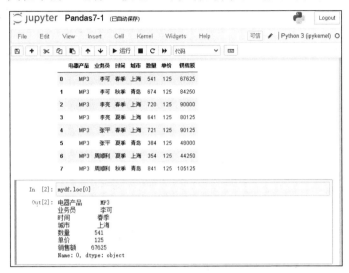

图 7.2　利用 loc[ ]提取第 1 行数据信息的代码运行结果

利用 loc[ ]提取第 3~5 行数据信息，实现代码如下。

```
mydf.loc[2:4]
```

这里需要注意，第 3 行的行标签名为 2，第 5 行的行标签名为 4。

单击工具栏中的"运行"按钮，可以看到代码运行结果如图 7.3 所示。

图 7.3　利用 loc[ ]提取第 3~5 行数据信息的代码运行结果

利用 loc[ ]提取第 2、4、7 行数据信息，实现代码如下。

```
mydf.loc[[1,3,6]]
```

单击工具栏中的"运行"按钮，可以看到代码运行结果如图 7.4 所示。

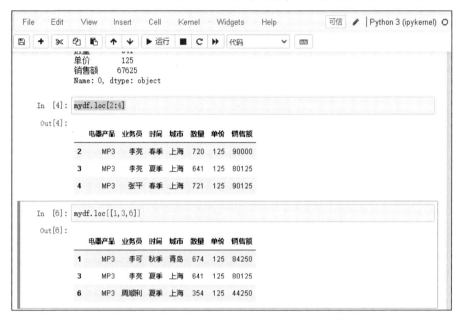

图 7.4　利用 loc[ ]提取第 2、4、7 行数据信息的代码运行结果

7.1.2　利用 loc[ ]提取整列数据

下面通过具体实例讲解如何利用 loc[ ]提取整列数据。

打开 Jupyter Notebook，新建 Python 代码文档，在单元中输入如下代码。

```
import pandas as pd
mydf = pd.read_excel('myexcel1.xls',sheet_name=1)
display(mydf)
mydf.loc[:,'城市']
```

在这里利用 loc[ ]提取"城市"列数据。注意，行标签是"："，列标签是"城市"，行标签与列标签之间用逗号隔开。

单击工具栏中的"运行"按钮，可以看到代码运行结果如图 7.5 所示。

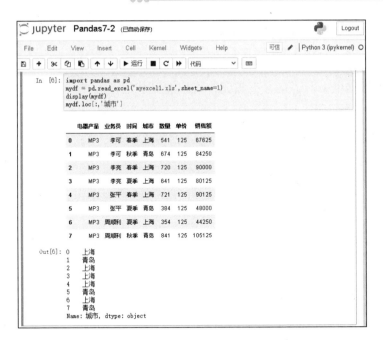

图 7.5　利用 loc[ ]提取"城市"列数据的代码运行结果

利用 loc[ ]提取"业务员"列到"数量"列的数据，具体实现代码如下。

```
mydf.loc[:,'业务员':'数量']
```

单击工具栏中的"运行"按钮，可以看到代码运行结果如图 7.6 所示。

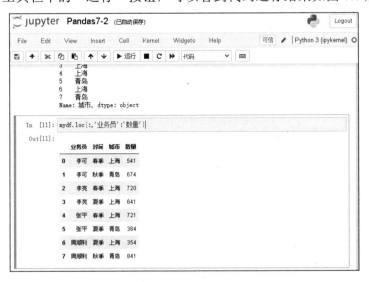

图 7.6　利用 loc[ ]提取"业务员"列到"数量"列的数据的代码运行结果

利用 loc[ ]提取"时间"列到最后一列的数据，具体实现代码如下。

```
mydf.loc[:,'时间':]
```

单击工具栏中的"运行"按钮，可以看到代码运行结果如图 7.7 所示。

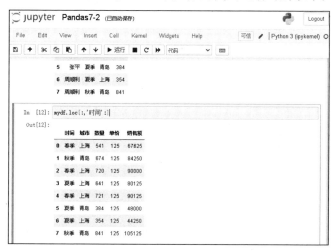

图 7.7 利用 loc[ ]提取"时间"列到最后一列的数据的代码运行结果

利用 loc[ ]提取第 1 列到"时间"列的数据，具体实现代码如下。

```
mydf.loc[:,:'时间']
```

单击工具栏中的"运行"按钮，可以看到代码运行结果如图 7.8 所示。

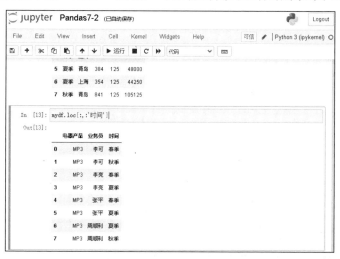

图 7.8 利用 loc[ ]提取第 1 列到"时间"列的数据的代码运行结果

利用 loc[ ]提取"业务员""城市""销售额"3 列数据，具体实现代码如下。

```
mydf.loc[:,['业务员','城市','销售额']]
```

单击工具栏中的"运行"按钮，可以看到代码运行结果如图 7.9 所示。

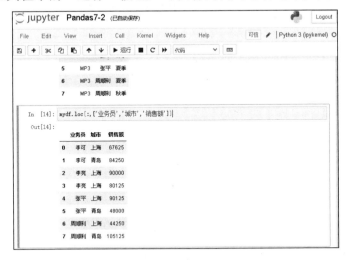

图 7.9　提取"业务员""城市""销售额"3 列数据的代码运行结果

7.1.3　利用 loc[ ]提取具体数据

利用 loc[ ]不仅可以提取整行或整列数据，还可以提取某个具体数据，下面通过实例进行详细讲解。

打开 Jupyter Notebook，新建 Python 代码文档，在单元中输入如下代码。

```
import pandas as pd
import numpy as np
data = {  "编号":[100001,100012,100003,100004],
        "日期":pd.date_range('20211108', periods=4),
        "姓名":["赵佳","张可","周远","徐南"],
        "性别":['女','男','女','男'],
        "年龄":[25,28,21,30],
        "工资":[5869.32,7256.34,6895.89,7289.72]
      }
mydf1 = pd.DataFrame(data)
display(mydf1)
```

单击工具栏中的"运行"按钮，显示 DataFrame 数据表数据信息如图 7.10 所示。

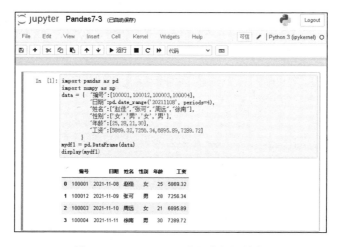

图 7.10　DataFrame 数据表数据信息

利用 loc[ ]提取第 2 行第 3 列的数据信息，即具体单元中的数据，实现代码如下。

```
mydf1.loc[1,'姓名']
```

其中，第 2 行的标签名是 1；第 3 列的标签名是"姓名"。

单击工具栏中的"运行"按钮，可以看到代码运行结果如图 7.11 所示。

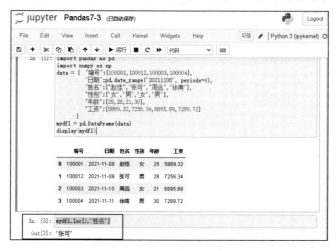

图 7.11　利用 loc[ ]提取第 2 行第 3 列的数据信息的代码运行结果

利用 loc[ ] 提取第 3 行第 3 列和第 4 列的数据信息，即一行两列中的数据，实现代码如下。

```
mydf1.loc[2,['姓名','性别']]
```

单击工具栏中的"运行"按钮，可以看到代码运行结果如图 7.12 所示。

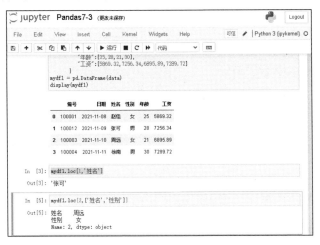

图 7.12　利用 loc[ ] 提取第 3 行第 3 列和第 4 列的数据信息的代码运行结果

利用 loc[ ] 提取第 4 行第 1 列、第 3 列、第 5 列的数据信息，即一行三列中的数据，这里 3 个列不是连续的，实现代码如下。

```
mydf1.loc[3,['编号','姓名','年龄']]
```

单击工具栏中的"运行"按钮，可以看到代码运行结果如图 7.13 所示。

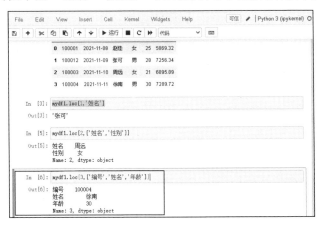

图 7.13　利用 loc[ ] 提取第 4 行第 1 列、第 3 列、第 5 列的数据信息的代码运行结果

利用 loc[ ]提取第 1 行第 2~5 列的数据信息，即一行四列数据，这里列是连续的，实现代码如下。

```
mydf1.loc[0,'编号':'年龄']
```

需要注意，'编号':'年龄'外没有索引运算符"[ ]"。

利用 loc[ ]提取第 1 行和第 3 行及第 2 列的数据信息，即两行一列数据，这里行是不连续的，实现代码如下。

```
mydf1.loc[[0,2],'日期']
```

利用 loc[ ]提取第 1~3 行，第 3 列的数据信息，即三行一列数据，这里行是连续的，实现代码如下。

```
mydf1.loc[0:2,'姓名']
```

利用 loc[ ]提取第 2~4 行，第 3 列和第 5 列的数据信息，即三行两列数据，这里行是连续的，列是不连续的，实现代码如下。

```
mydf1.loc[1:3,['姓名','年龄']]
```

利用 loc[ ]提取第 2 行和第 4 行，第 3 列和第 5 列的数据信息，即两行两列数据，这里行是不连续的，列也是不连续的，实现代码如下。

```
mydf1.loc[[1,3],['姓名','年龄']]
```

提醒：在提取具体数据的过程中，如果行连续，则开始行与终止行之间用冒号分开，但没有索引运算符"[ ]"；如果行不连续，则行与行之间用逗号分开，有索引运算符"[ ]"。列的表示方法与行相同，也是如果列连续，则开始列与终止列之间用冒号分开，但没有索引运算符"[ ]"；如果列不连续，则列与列之间用逗号分开，有索引运算符"[ ]"。

7.2 利用iloc[ ]提取数据

提取 DataFrame 数据表中的数据信息，不仅可以利用 loc[ ]，还可以利用 iloc[ ]。iloc[ ]基于行索引（index）和列索引（columns）进行查询，均从 0 开始。如果 DataFrame 数据表数据的行标签和列标签名字过长或不易记忆，那么用 iloc[ ]进行索引查询要比 loc[ ]好用得多，因为 iloc[ ]只须通过标签名（或默认标签名）对应的数字索引即可进行查询。

7.2.1　利用 iloc[ ]提取整行数据

下面通过具体实例讲解如何利用 iloc[ ]提取整行数据。

打开 Jupyter Notebook，新建 Python 代码文档，在单元中输入如下代码。

```
import pandas as pd
mydf1 = pd.read_excel('myexcel1.xls',sheet_name=2,skiprows=3)
display(mydf1)
```

单击工具栏中的"运行"按钮，显示 Sheet3 工作表中的数据信息如图 7.14 所示。

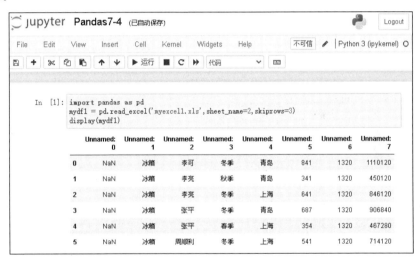

图 7.14　Sheet3 工作表中的数据信息

利用 iloc[ ]提取第 3 行数据信息，实现代码如下。

```
mydf1.iloc[2]
```

单击工具栏中的"运行"按钮，可以看到代码运行结果如图 7.15 所示。

利用 iloc[ ]提取第 4 行（不包括第 4 行）后的所有数据信息，实现代码如下。

```
mydf1.iloc[4:]
```

单击工具栏中的"运行"按钮，可以看到代码运行结果如图 7.16 所示。

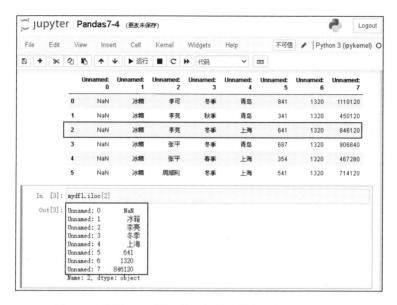

图 7.15　利用 iloc[ ]提取第 3 行数据信息的代码运行结果

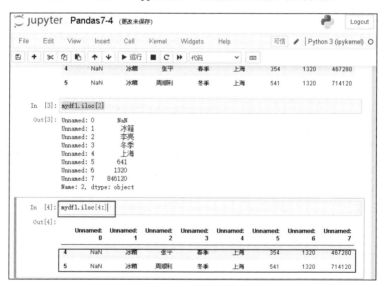

图 7.16　利用 iloc[ ]提取第 4 行（不包括第 4 行）后的所有数据信息的代码运行结果

同样地，利用 iloc[ ]提取第 3 行（包括第 3 行）前的所有数据信息，实现代码如下。

```
mydf1.iloc[:3]
```

利用 iloc[ ]提取第 2~4 行数据信息，实现代码如下。

```
mydf1.iloc[1:4]
```

利用 iloc[ ]提取第 1、3、5 行数据信息，实现代码如下。

```
mydf1.iloc[[0,2,4]]
```

7.2.2　利用 iloc[ ]提取整列数据

下面通过具体实例讲解如何利用 iloc[ ]提取整列数据。

打开 Jupyter Notebook，新建 Python 代码文档，在单元中输入如下代码。

```
import pandas as pd
mydf1 = pd.read_excel('myexcel1.xls',sheet_name=2,skiprows=3)
display(mydf1)
mydf1.iloc[:,2]
```

这里利用 iloc[ ]提取第 3 列的数据信息。

单击工具栏中的"运行"按钮，可以看到代码运行结果如图 7.17 所示。

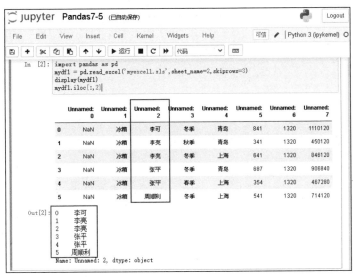

图 7.17　利用 iloc[ ]提取第 3 列数据信息的代码运行结果

利用 iloc[ ]提取第 2、4、7 列数据信息，实现代码如下。

```
mydf1.iloc[:,[1,3,6]]
```

单击工具栏中的"运行"按钮，可以看到代码运行结果如图 7.18 所示。

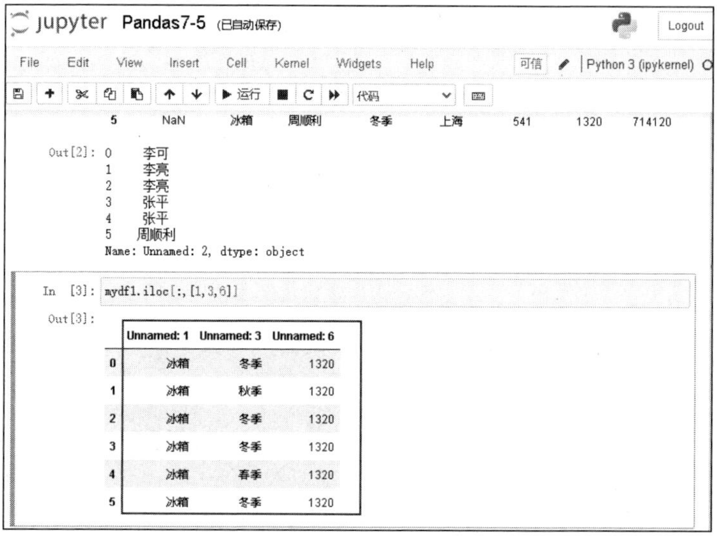

图 7.18　利用 iloc[ ]提取第 2、4、7 列数据信息的代码运行结果

同样地，利用 iloc[ ]提取第 5 列以后的数据信息，实现代码如下。

```
mydf1.iloc[:,4:]
```

利用 iloc[ ]提取第 3 列（包括第 3 列）以前的数据信息，实现代码如下。

```
mydf1.iloc[:,:3]
```

7.2.3　利用 iloc[ ]提取具体数据

利用 iloc[ ]不仅可以提取整行或整列数据，还可以提取某个具体数据，下面通过实例进行讲解。

打开 Jupyter Notebook，新建 Python 代码文档，在单元中输入如下代码。

```
import pandas as pd
mydf1 = pd.read_excel('myexcel1.xls',sheet_name=2,skiprows=3)
display(mydf1)
mydf1.iloc[1,2]
```

这里利用 iloc[ ]提取第 2 行第 3 列数据。

单击工具栏中的"运行"按钮，可以看到代码运行结果如图 7.19 所示。

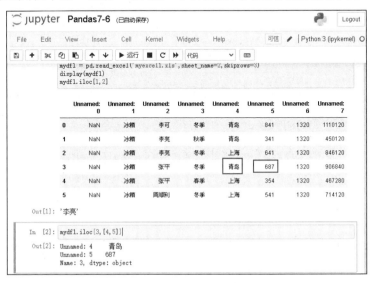

图 7.19　利用 iloc[ ]提取第 2 行第 3 列数据的代码运行结果

利用 iloc[ ]提取第 4 行第 5、6 列的数据信息，即一行两列数据，具体实现代码如下。

```
mydf1.iloc[3,[4,5]]
```

单击工具栏中的"运行"按钮，可以看到代码运行结果如图 7.20 所示。

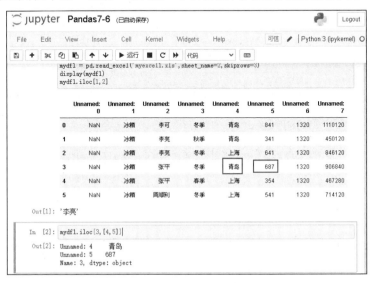

图 7.20　利用 iloc[ ]提取第 4 行第 5、6 列的数据信息的代码运行结果

同样地，利用 iloc[ ]提取第 2 行第 3、5、7 列的数据信息，即一行三列数据，这里 3 个列不是连续的，实现代码如下。

```
mydf1.iloc[1,[2,4,6]]
```

利用 iloc[ ]提取第 4 行第 2~5 列的数据信息，即一行四列数据，这里 4 个列是连续的，实现代码如下。

```
mydf1.iloc[3,1:5]
```

需要注意的是，1：5 表示第 2~5 列，不是第 6 列，因为冒号（:）表示连续列时，前包后不包。

利用 iloc[ ]提取第 1 行和第 3 行的第 5 列的数据信息，即两行一列数据，这里两个行是不连续的，实现代码如下。

```
mydf1.iloc[[0,2],4]
```

利用 iloc[ ]提取第 3 行和第 5 行的第 4 列和第 6 列的数据信息，即两行两列数据，这里行是不连续的，列也是不连续的，实现代码如下。

```
mydf1.iloc[[2,4],[3,5]]
```

7.3 利用属性提取数据

在 Pandas 中，还可以利用属性运算符 "."来选择列，下面通过实例进行具体讲解。

打开 Jupyter Notebook，新建 Python 代码文档，在单元中输入如下代码。

```
import pandas as pd
import numpy as np
mydf = pd.DataFrame(np.random.randn(10, 6), columns = ['A', 'B', 'C',
'D','E','F'])
display(mydf)
```

在这里利用随机函数 random.randn()创建一个 10 行 6 列的数据。

单击工具栏中的"运行"按钮，可以看到代码运行结果如图 7.21 所示。

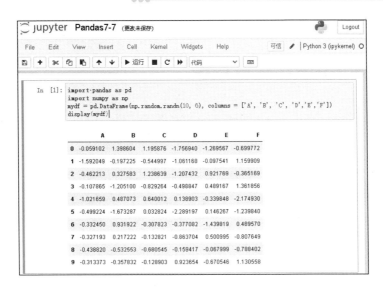

图 7.21　创建 10 行 6 列数据的代码运行结果

下面利用属性来提取数据，假如提取 B 列数据，实现代码如下。

```
mydf.B
```

单击工具栏中的"运行"按钮，可以看到代码运行结果如图 7.22 所示。

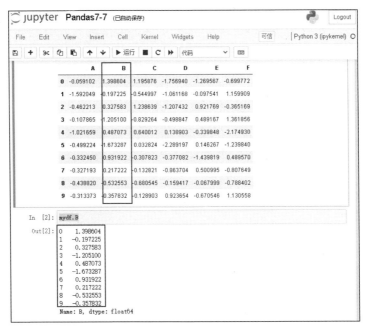

图 7.22　利用属性提取 B 列数据的代码运行结果

7.4 利用for循环提取数据

前面讲解如何利用 loc[ ]、iloc[ ]及属性提取数据，下面通过实例进一步讲解如何利用 for 循环提取数据。

打开 Jupyter Notebook，新建 Python 代码文档，在单元中输入如下代码。

```python
import pandas as pd
import numpy as np
data = {  "编号":[100001,100012,100003,100004],
        "日期":pd.date_range('20211218', periods=4),
        "姓名":["赵佳","张可","周远","徐南"],
        "性别":['女','男','女','男'],
        "年龄":[25,28,21,30],
        "工资":[5869.32,7256.34,6895.89,7289.72]
        }
mydf1 = pd.DataFrame(data)
display(mydf1)
```

单击工具栏中的"运行"按钮，显示 DataFrame 数据表数据信息如图 7.23 所示。

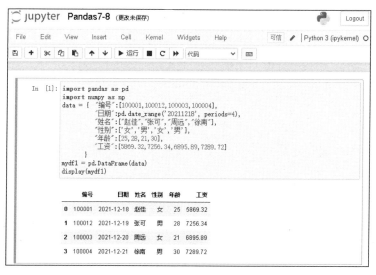

图 7.23 DataFrame 数据表数据信息

下面利用 for 循环显示 DataFrame 数据表的表头，具体代码如下。

```
for mycol in mydf1:
  print (mycol)
```

单击工具栏中的"运行"按钮，可以看到代码运行结果如图 7.24 所示。

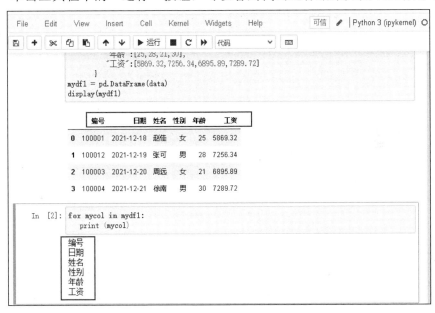

图 7.24　利用 for 循环显示 DataFrame 数据表表头的代码运行结果

下面利用 iteritems()函数遍历 DataFrame 数据表中的列。iteritems()函数将每个列作为键，将列值迭代为 Series 序列对象，具体代码如下。

```
for key,value in mydf1.iteritems():
  print (key,value)
```

单击工具栏中的"运行"按钮，可以看到代码运行结果如图 7.25 所示。

下面利用 itertuples()函数遍历 DataFrame 数据表中的行。itertuples()函数为 DataFrame 数据表中的每一行返回一个命名元组的迭代器。元组的第一个元素是行的相应索引值，而剩余的值是行值，具体代码如下。

```
for row in mydf1.itertuples():
  print (row)
```

单击工具栏中的"运行"按钮，可以看到代码运行结果如图 7.26 所示。

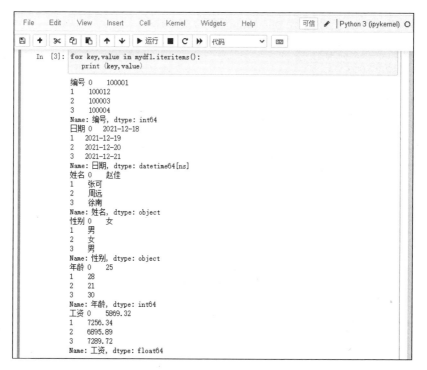

图 7.25　利用 iteritems()函数遍历 DataFrame 数据表中列的代码运行结果

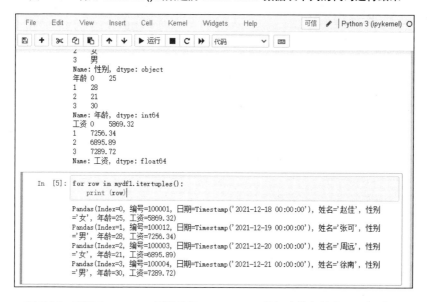

图 7.26　利用 itertuples()函数遍历 DataFrame 数据表中行的代码运行结果

第 8 章

8

Pandas 数据的筛选

数据筛选就是从大量数据中选出有价值的数据，这样可以提高数据的可用性，有利于后期的数据分析，数据筛选在整个数据处理过程中至关重要。

本章主要内容包括：

✓ 等于关系数据筛选实例。

✓ 不等于关系数据筛选实例。

✓ 大于和大于等于关系数据筛选实例。

✓ 小于和小于等于关系数据筛选实例。

✓ 使用"与"进行数据筛选实例。

✓ 使用"或"进行数据筛选实例。

✓ 使用"非"进行数据筛选实例。

✓ 使用 query()方法进行数据筛选实例。

✓ filter()方法及意义。

✓ 使用 filter()方法进行数据筛选实例。

8.1 Pandas数据关系筛选

关系运算用于对两个量进行比较。在 Pandas 中，关系运算符有 6 种，分别为小于、小于等于、大于、等于、大于等于和不等于。关系运算符及意义如表 8.1 所示。

表 8.1　关系运算符及意义

关系运算符	意义
==	等于，比较对象是否相等
!=	不等于，比较两个对象是否不相等
>	大于，返回 x 是否大于 y
<	小于，返回 x 是否小于 y
>=	大于等于，返回 x 是否大于等于 y
<=	小于等于，返回 x 是否小于等于 y

8.1.1　等于关系数据筛选实例

下面通过具体实例讲解等于关系数据的筛选方法。

打开 Jupyter Notebook，新建 Python 代码文档，在单元中输入如下代码。

```
import pandas  as pd
mydf1 = pd.read_csv('myc1.csv')
display(mydf1)
```

单击工具栏中的"运行"按钮，显示 DataFrame 数据表数据信息如图 8.1 所示。

下面显示水果名为"苹果"的数据信息，实现代码如下。

```
mydf1.loc[mydf1['水果名']=='苹果']
```

单击工具栏中的"运行"按钮，可以看到代码运行结果如图 8.2 所示。

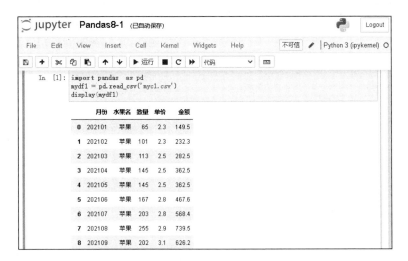

图 8.1　DataFrame 数据表数据信息

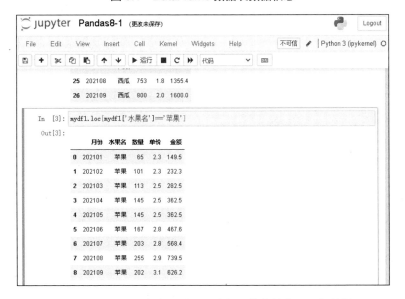

图 8.2　显示水果名为"苹果"的数据信息的代码运行结果

下面显示数量为"101"的数据信息，实现代码如下。

```
mydf1.loc[mydf1['数量']==101]
```

单击工具栏中的"运行"按钮，可以看到代码运行结果如图 8.3 所示。

下面显示月份为"202106"的数据信息，实现代码如下。

```
mydf1.loc[mydf1['月份']==202106]
```

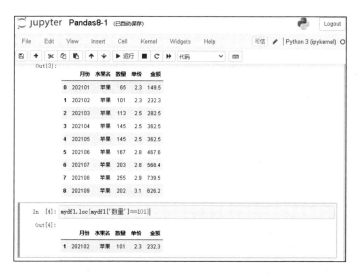

图 8.3 显示数量为"101"的数据信息的代码运行结果

单击工具栏中的"运行"按钮，可以看到代码运行结果如图 8.4 所示。

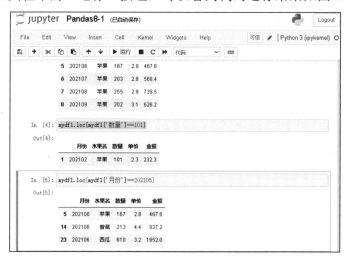

图 8.4 显示月份为"202106"的数据信息的代码运行结果

8.1.2 不等于关系数据筛选实例

下面通过具体实例讲解不等于关系数据的筛选方法。

打开 Jupyter Notebook，新建 Python 代码文档，在单元中输入如下代码。

```
import pandas as pd
import numpy as np
data = {  "编号":[100001,100012,100003,100004],
         "日期":pd.date_range('20211108', periods=4),
         "姓名":["赵佳","张可","周远","徐南"],
         "性别":['女','男','女','男'],
         "年龄":[25,28,21,30],
         "工资":[5869.32,7256.34,6895.89,7289.72]
        }
mydf1 = pd.DataFrame(data)
display(mydf1)
```

单击工具栏中的"运行"按钮，显示 DataFrame 数据表数据信息如图 8.5 所示。

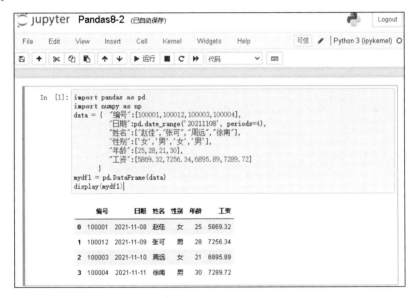

图 8.5　DataFrame 数据表数据信息

显示性别不是"男"的数据信息，具体代码如下。

```
mydf1.loc[mydf1['性别']!='男']
```

单击工具栏中的"运行"按钮，可以看到代码运行结果如图 8.6 所示。

显示工资不是"7256.34"的数据信息，具体代码如下。

```
mydf1.loc[mydf1['工资']!=7256.34]
```

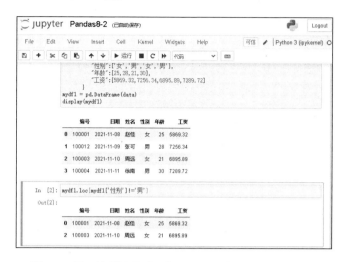

图 8.6　显示性别不是"男"的数据信息的代码运行结果

单击工具栏中的"运行"按钮，可以看到代码运行结果如图 8.7 所示。

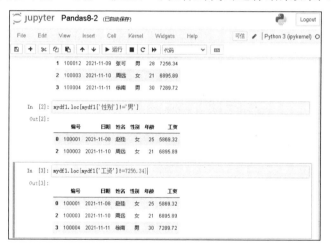

图 8.7　显示工资不是"7256.34"的数据信息的代码运行结果

8.1.3　大于和大于等于关系数据筛选实例

下面通过具体实例讲解大于和大于等于关系数据的筛选方法。

打开 Jupyter Notebook，新建 Python 代码文档，在单元中输入如下代码。这里显示的是数量大于"650"的数据信息。

```
import pandas  as pd
mydf1 = pd.read_csv('myc1.csv')
mydf1.loc[mydf1['数量']>650]
```

单击工具栏中的"运行"按钮，可以看到代码运行结果如图 8.8 所示。

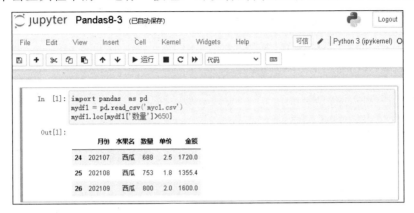

图 8.8　显示数量大于"650"的数据信息的代码运行结果

下面显示金额大于等于"1720"的数据信息，具体代码如下。

```
mydf1.loc[mydf1['金额']>=1720]
```

单击工具栏中的"运行"按钮，可以看到代码运行结果如图 8.9 所示。

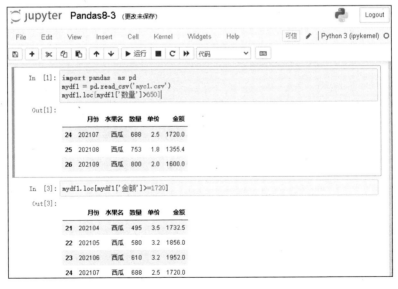

图 8.9　显示金额大于等于"1720"的数据信息的代码运行结果

8.1.4　小于和小于等于关系数据筛选实例

下面通过具体实例讲解小于和小于等于关系数据的筛选方法。

打开 Jupyter Notebook，新建 Python 代码文档，在单元中输入如下代码。这里显示的是单价小于"2.7"的数据信息。

```
import pandas  as pd
mydf1 = pd.read_csv('myc1.csv')
mydf1.loc[mydf1['单价']<2.7]
```

单击工具栏中的"运行"按钮，可以看到代码运行结果如图 8.10 所示。

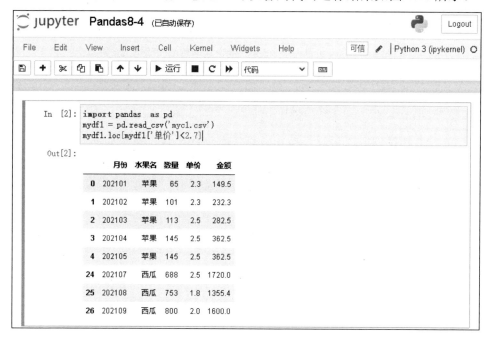

图 8.10　显示单价小于"2.7"的数据信息的代码运行结果

下面显示金额小于等于"362.5"的数据信息，具体代码如下。

```
mydf1.loc[mydf1['金额']<=362.5]
```

单击工具栏中的"运行"按钮，可以看到代码运行结果如图 8.11 所示。

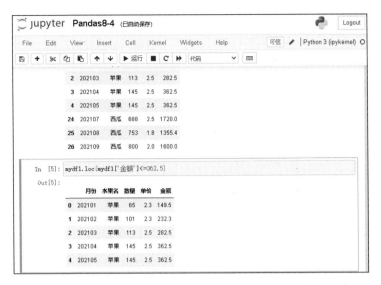

图 8.11 显示金额小于等于"362.5"的数据信息的代码运行结果

8.2 Pandas数据逻辑筛选

逻辑运算符可以把关系连接成更复杂的关系。在 Pandas 中，逻辑运算符有 3 个，分别是与（&）、或（|）和非（!）。逻辑运算符表达式及意义如表 8.2 所示。

表 8.2 逻辑运算符表达式及意义

逻辑运算符	表达式	意义
&	x & y	布尔"与"，如果 x 为 False，则 x & y 返回 False，否则返回 y 的计算值
|	x | y	布尔"或"，如果 x 为 True，则返回 x 的值，否则返回 y 的计算值
~	~x	布尔"非"，如果 x 为 True，则返回 False；如果 x 为 False，则返回 True

8.2.1 使用"与"进行数据筛选实例

下面通过具体实例讲解如何使用逻辑运算符"与"进行数据筛选。

打开 Jupyter Notebook，新建 Python 代码文档，在单元中输入如下代码。这里显示的是水果名是"苹果"，并且单价大于"2.5"的数据信息。

```
import pandas  as pd
mydf1 = pd.read_csv('myc1.csv')
mydf1.loc[(mydf1['水果名']=='苹果') & (mydf1['单价']>2.5) ]
```

单击工具栏中的"运行"按钮，可以看到代码运行结果如图 8.12 所示。

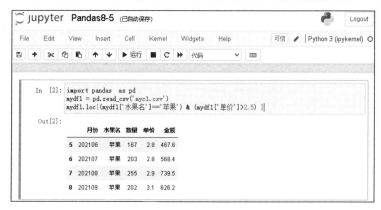

图 8.12　显示水果名是"苹果"，并且单价大于"2.5"的数据信息的代码运行结果

显示水果名不是"苹果"，并且金额小于"800"的数据信息，具体代码如下。

```
mydf1.loc[(mydf1['水果名']!='苹果') & (mydf1['金额']<800) ]
```

单击工具栏中的"运行"按钮，可以看到代码运行结果如图 8.13 所示。

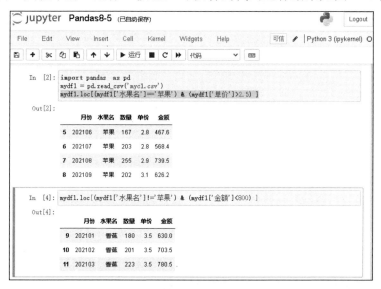

图 8.13　显示水果名不是"苹果"，并且金额小于"800"的数据信息的代码运行结果

同样地，显示单价大于等于"2.9"，并且金额小于等于"739.5"的数据信息，具体代码如下。

```
mydf1.loc[(mydf1['单价']>=2.9) & (mydf1['金额']<=739.5) ]
```

显示月份大于"202102"，并且金额大于"739.5"、单价不等于"3.5"的数据信息，具体代码如下。

```
mydf1.loc[(mydf1['月份']>202102) & (mydf1['金额']>739.5) & (mydf1['单价']!=3.5) ]
```

8.2.2　使用"或"进行数据筛选实例

下面通过具体实例讲解如何使用逻辑运算符"或"进行数据筛选。

打开 Jupyter Notebook，新建 Python 代码文档，在单元中输入如下代码。这里显示单价等于"3.5"，或月份等于"202106"的数据信息。

```
import pandas  as pd
mydf1 = pd.read_csv('myc1.csv')
mydf1.loc[(mydf1['单价']==3.5) | (mydf1['月份']==202106) ]
```

单击工具栏中的"运行"按钮，可以看到代码运行结果如图 8.14 所示。

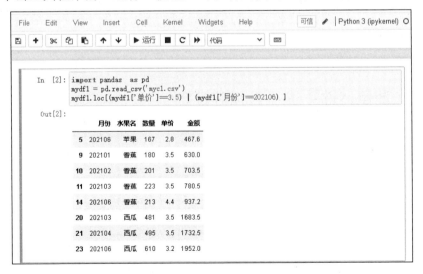

图 8.14　显示单价等于"3.5"，或月份等于"202106"的数据信息的代码运行结果

显示数量大于"700",或数量小于"200"的数据信息,具体代码如下。

```
mydf1.loc[(mydf1['数量']>700) | (mydf1['数量']<200) ]
```

单击工具栏中的"运行"按钮,可以看到代码运行结果如图 8.15 所示。

图 8.15　显示数量大于"700",或数量小于"200"的数据信息的代码运行结果

同样地,显示数量大于"760",或数量小于"150"的水果名为"苹果"的数据信息,具体代码如下。

```
mydf1.loc[(mydf1['数量']>760) | ((mydf1['数量']<150)&(mydf1['水果名']=='苹果') )]
```

8.2.3　使用"非"进行数据筛选实例

下面通过具体实例讲解如何使用逻辑运算符"非"进行数据筛选。

打开 Jupyter Notebook,新建 Python 代码文档,在单元中输入如下代码。这里首先导入 Excel 表格,然后显示数量大于"700"的数据信息。

```
import pandas as pd
mydf1 = pd.read_excel('myexcel1.xls',sheet_name=1)
mydf1.loc[(mydf1['数量']>700)]
```

单击工具栏中的"运行"按钮，可以看到代码运行结果如图 8.16 所示。

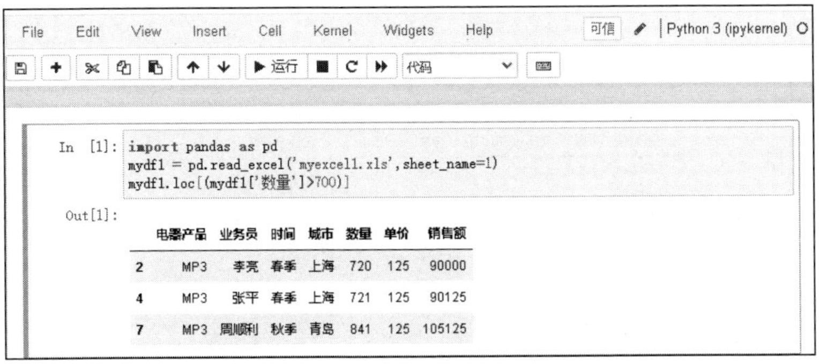

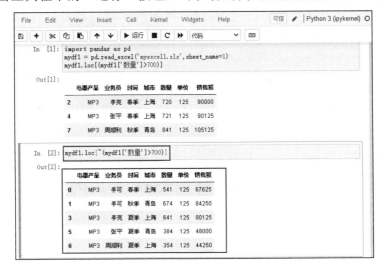

图 8.16　显示数量大于"700"的数据信息的代码运行结果

显示数量不大于"700"的数据信息，可以利用数量小于等于"700"，也可以利用逻辑非符号，实现代码如下。

```
mydf1.loc[~(mydf1['数量']>700)]
```

单击工具栏中的"运行"按钮，可以看到代码运行结果如图 8.17 所示。

图 8.17　显示数量不大于"700"的数据信息的代码运行结果

显示业务员是"李亮"或"周顺利"，并且销售额大于"70000"的数据信息，实现代码如下。

```
mydf1.loc[((mydf1['业务员']=='李亮') | (mydf1['业务员']=='周顺利'))
        &(mydf1['销售额']>70000)]
```

单击工具栏中的"运行"按钮，可以看到代码运行结果如图 8.18 所示。

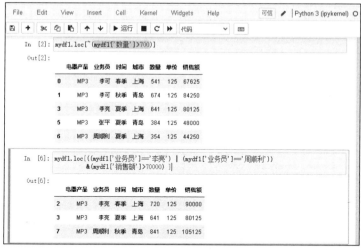

图 8.18　显示业务员是"李亮"或"周顺利"，并且销售额大于"70000"的
数据信息的代码运行结果

同样地，显示业务员是"李亮"或"周顺利"，并且销售额大于"70000"的数据之外的其他数据信息，实现代码如下。

```
mydf1.loc[~(((mydf1['业务员']=='李亮') | (mydf1['业务员']=='周顺利'))
        & (mydf1['销售额']>70000)) ]
```

注意，就是在上例中的条件加一个括号，然后在括号前加上一个逻辑非符号。

8.3　使用query()方法进行数据筛选实例

下面通过具体实例讲解如何使用 query()方法进行数据筛选。

打开 Jupyter Notebook，新建 Python 代码文档，在单元中输入如下代码。

```
import pandas as pd
mydf1 = pd.read_excel('myexcel1.xls',sheet_name=1)
display(mydf1)
```

单击工具栏中的"运行"按钮，显示 DataFrame 数据表数据信息如图 8.19 所示。

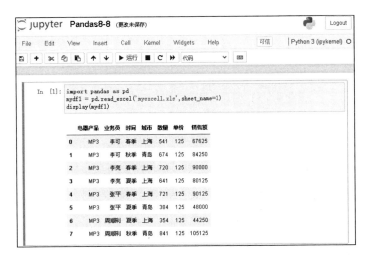

图 8.19 DataFrame 数据表数据信息

显示城市为"上海"的数据信息，实现代码如下。

```
mydf1.query("城市=='上海'")
```

单击工具栏中的"运行"按钮，可以看到代码运行结果如图 8.20 所示。

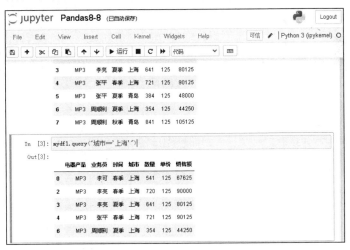

图 8.20 显示城市为"上海"的数据信息的代码运行结果

显示城市为"上海"，并且数量大于"600"的数据信息，实现代码如下。

```
mydf1.query("城市=='上海' & 数量>600")
```

单击工具栏中的"运行"按钮，可以看到代码运行结果如图 8.21 所示。

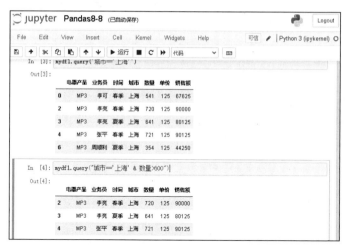

图 8.21　显示城市为"上海"，并且数量大于"600"的数据信息的代码运行结果

同样地，显示城市不是"上海"，或数量小于等于"400"的数据信息，实现代码如下。

```
mydf1.query("城市!='上海' | 数量<=400")
```

显示业务员为"李可"或"张平"，并且时间为"春季"或"秋季"的数据信息，实现代码如下。

```
mydf1.query("业务员 in['李可','张平'] & 时间 in['春季','秋季']")
```

单击工具栏中的"运行"按钮，可以看到代码运行结果如图 8.22 所示。

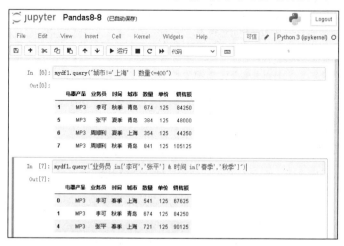

图 8.22　显示业务员为"李可"或"张平"，并且时间为
"春季"或"秋季"的数据信息的代码运行结果

显示价格分别为"541""621""721""841"的数据信息，实现代码如下。

```
mydf1.query("数量 in[541,641,721,841]")
```

query()方法还可以利用变量进行数据筛选，实现代码如下。

```
mya = 710
mydf1.query("数量>@mya")
```

这里定义变量 mya，并赋值"710"，即显示数量大于"710"的数据信息。

单击工具栏中的"运行"按钮，可以看到代码运行结果如图 8.23 所示。

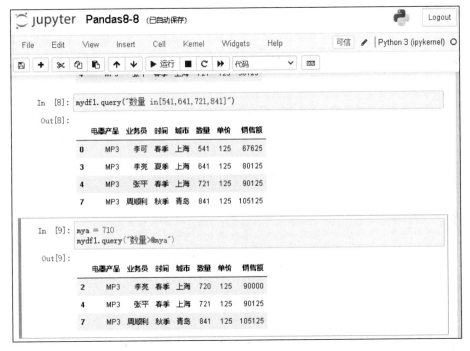

图 8.23 利用变量显示数量大于"710"的代码运行结果

下面实现动态输入要筛选的条件，具体代码如下。

```
myx = int(input("请输入数量："))
mydf1.query("数量>@myx")
```

单击工具栏中的"运行"按钮会提醒输入数据，如图 8.24 所示。

在这里输入"600"后按"Enter"键，可以看到数量大于"600"的数据信息如图 8.25 所示。

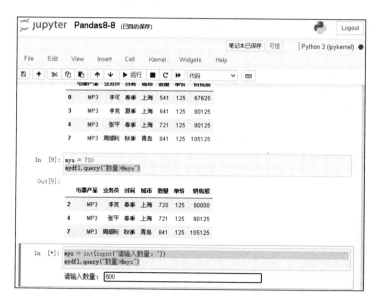

图 8.24　动态输入要筛选的条件

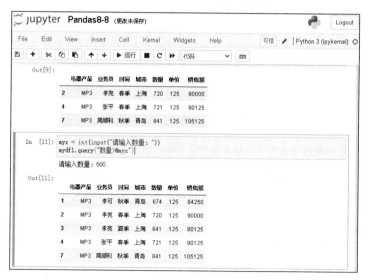

图 8.25　数量大于"600"的数据信息

8.4　使用filter()方法进行数据筛选

在 Pandas 中，还可以使用 filter()方法进行数据筛选，下面进行具体讲解。

8.4.1　filter()方法及意义

filter()方法的语法格式如下。

```
DataFrame.filter(items=None,like=None,regex=None, axis=None)
```

语法中各参数的意义如下。

（1）items：表示对应轴的标签名列表(list)。

（2）like：可以实现对应轴的标签名模糊查询。

（3）regex：使用正则表达式查询标签名。

（4）axis：如果其值为 0，则表示查询行标签；如果其值为 1，则表示查询列标签。在默认情况下，其值为 1，即查询列标签（列名）。

需要注意，items、like 和 regex 是互相排斥的，即只能出现一个。

8.4.2　使用 filter()方法进行数据筛选实例

下面通过具体实例讲解如何使用 filter()方法进行数据筛选。

打开 Jupyter Notebook，新建 Python 代码文档，在单元中输入如下代码。

```
import pandas as pd
import numpy as np
data = {  "编号":[100001,100012,100003,100004],
        "日期":pd.date_range('20211218', periods=4),
        "姓名":["赵可佳","张可","周可","徐南"],
        "性别":['女','男','女','男'],
        "工龄":[5,8,4,3],
        "工资":[5869.32,7256.34,6895.89,7289.72]
    }
mydf1 = pd.DataFrame(data)
mydf1.set_index(['姓名'],inplace=True)
display(mydf1)
```

在这里创建 DataFrame 数据表，并设置"姓名"列为索引列。

单击工具栏中的"运行"按钮，显示 DataFrame 数据表数据信息如图 8.26 所示。

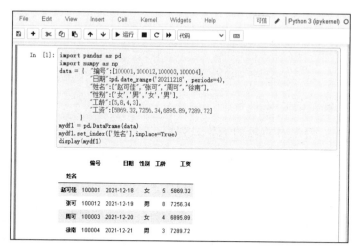

图 8.26　DataFrame 数据表数据信息

显示"日期"和"工资"列的信息，在默认的情况下是对列的筛选，实现代码如下。

```
mydf1.filter(items=['日期', '工资'])
```

单击工具栏中的"运行"按钮，可以看到代码运行结果如图 8.27 所示。

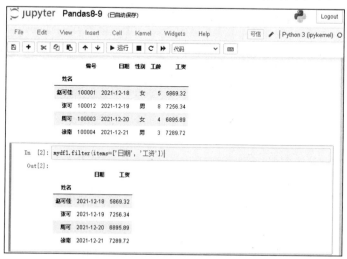

图 8.27　显示"日期"和"工资"列的信息的代码运行结果

下面对行进行筛选，显示"徐南"和"张可"两行信息，实现代码如下。

```
mydf1.filter(items=['徐南', '张可'],axis=0)
```

单击工具栏中的"运行"按钮，可以看到代码运行结果如图 8.28 所示。

图 8.28　显示"徐南"和"张可"两行信息的代码运行结果

利用 like 对列数据中含有"工"字的字段进行筛选，具体代码如下。

```
mydf1.filter(like ='工')
```

单击工具栏中的"运行"按钮，可以看到代码运行结果如图 8.29 所示。

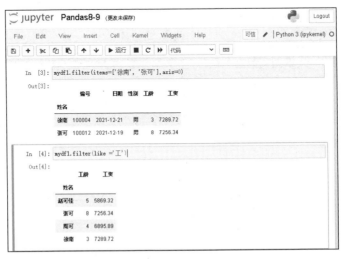

图 8.29　利用 like 对列数据中含有"工"字的字段进行筛选的代码运行结果

同样地，利用 like 对行数据中含有"可"字的数据行进行筛选，具体代码如下。

```
mydf1.filter(like ='可',axis=0)
```

利用 regex 对列数据中最后一个字是"资"的字段进行筛选，具体代码如下。

```
mydf1.filter(regex ='资$')
```

单击工具栏中的"运行"按钮，可以看到代码运行结果如图 8.30 所示。

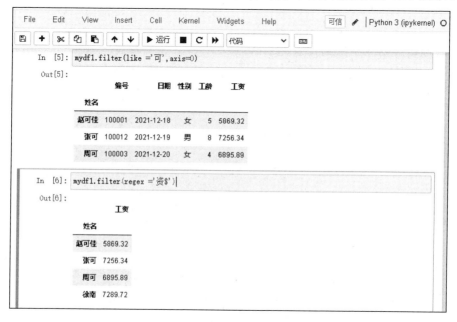

图 8.30　利用 regex 对列数据中最后一个字是"资"的字段进行筛选的代码运行结果

同样地，利用 regex 对行数据中最后一个字是"可"的数据行进行筛选，具体代码如下。

```
mydf1.filter(regex ='可$',axis=0)
```

第 9 章

Pandas 数据的聚合函数

聚合函数也称多行函数或组合函数，它对一组值进行计算，并返回单一的值。聚合函数能够对整个数据集合进行计算，并返回一行包含着原始数据集合汇总结果的记录。

本章主要内容包括：

✓ sum()函数及参数。

✓ sum()函数应用实例。

✓ mean()函数及参数。

✓ mean()函数应用实例。

✓ mean()函数及参数。

✓ max()函数及参数。

✓ max()函数应用实例。

✓ min()函数及参数。

✓ min()函数应用实例。

✓ count()函数及参数。

✓ count()函数应用实例。

9.1 sum()函数的应用

sum()函数用于返回 DataFrame 数据表的行或列的值之和，下面进行具体讲解。

9.1.1　sum()函数及参数

sum()函数的语法格式如下。

```
DataFrame.sum(axis=None,skipna=None,level=None,numeric_only=None,
min_count=0, **kwargs)
```

语法中各参数的意义如下。

（1）axis：用来设置对行或对列求和。在默认情况下，axis 的值为 1，即对列进行求和；如果想对行进行求和，则要设 axis 的值为 0。

（2）skipna：用来设置是否排除所有空值，默认值为 True，即排除所有空值。

（3）level：如果索引为多索引，可以设置沿着哪个索引进行计算。

（4）numeric_only：如果其值为 True，则计算只包括 int、float 和 boolean列；如果其值为 False，则所有数据都进行计算。

（5）min_count：执行操作所需的有效值数量，默认值为 0。

（6）** kwargs：这是一个可选参数，传递给函数的其他关键字参数。

9.1.2　sum()函数应用实例

下面通过具体实例讲解 sum()函数的应用方法。

打开 Jupyter Notebook，新建 Python 代码文档，在单元中输入如下代码。

```
import pandas as pd
mydf1 = pd.read_excel('myexcel1.xls',sheet_name=1)
display(mydf1)
```

单击工具栏中的"运行"按钮，显示 DataFrame 数据表数据信息如图 9.1所示。

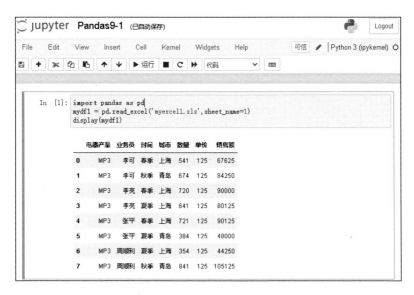

图 9.1　DataFrame 数据表数据信息

下面对"数量"列进行求和，具体代码如下。

```
mydf1.数量.sum()
```

单击工具栏中的"运行"按钮，可以看到代码运行结果如图 9.2 所示。

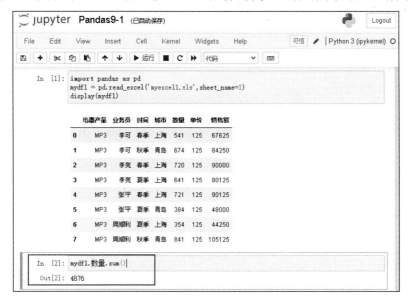

图 9.2　对"数量"列求和的代码运行结果

求和结果 4876= 541+ 674+720+ 641+721+ 384+354+841。

还可以对所有列求和，具体代码如下。

```
mydf1.sum()
```

注意，在默认情况下，字符类型求和是所有信息直接连续排列在一起。

单击工具栏中的"运行"按钮，可以看到代码运行结果如图 9.3 所示。

图 9.3　对所有列求和的代码运行结果

如果只计算数值列不计算字符列，可以设置 numeric_only 参数的值为 True，代码如下。

```
mydf1.sum(numeric_only=True)
```

单击工具栏中的"运行"按钮，可以看到代码运行结果如图 9.4 所示。

对每一行的数据进行求和，注意只计算数值列，具体代码如下。

```
mydf1.sum(axis=1,numeric_only=True)
```

单击工具栏中的"运行"按钮，可以看到代码运行结果如图 9.5 所示。

注意，第一行的计算和为：541+125+67625= 68291，依次类推。

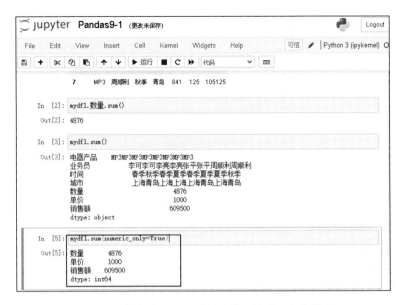

图 9.4　计算数值列，不计算字符列的代码运行结果

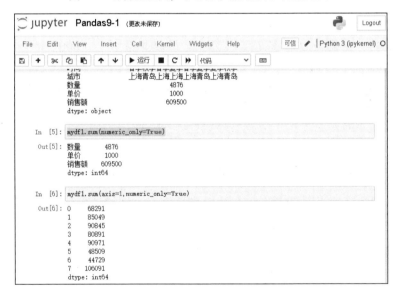

图 9.5　对每一行的数据进行求和的代码运行结果

如果想知道数据表中城市为"青岛"的数量和，则需要先进行行筛选再求和，具体代码如下。

```
mydf1.loc[mydf1['城市']=='青岛'].数量.sum()
```

单击工具栏中的"运行"按钮，可以看到代码运行结果如图 9.6 所示。

图 9.6　筛选"青岛"的数量和的代码运行结果

同样地，如果想知道城市为"上海"，并且数量大于"600"的数量之和，实现代码如下。

```
mydf1.query("城市=='上海' & 数量>600").数量.sum()
```

如果想知道城市不是"上海"，或数量小于等于"500"的销售额之和，实现代码如下。

```
mydf1.query("城市!='上海' | 数量<=500").销售额.sum()
```

如果想知道业务员为"李可"或"张平"，并且时间为"春季"或"秋季"的销售额之和，实现代码如下。

```
mydf1.query("业务员 in['李可','张平'] & 时间 in['春季','秋季']").销售额.sum()
```

9.2　mean()函数的应用

mean()函数用于返回 DataFrame 数据表行或列的值的平均值，下面进行具体讲解。

9.2.1 mean()函数及参数

mean()函数的语法格式如下。

```
DataFrame.mean(axis=None,skipna=None,level=None,numeric_only=None, **kwargs)
```

语法中各参数意义与 sum()函数相同，这里不再重复介绍。

9.2.2 mean()函数应用实例

下面通过具体实例讲解 mean()函数的应用方法。

打开 Jupyter Notebook，新建 Python 代码文档，在单元中输入如下代码。在这里创建 DataFrame 数据表，并设置"姓名"列为索引列。

```
import pandas as pd
import numpy as np
data = { "编号":[100001,100012,100003,100004],
         "日期":pd.date_range('20211218', periods=4),
         "姓名":["赵可佳","张可","周可","徐南"],
         "性别":['女','男','女','男'],
         "工龄":[5,8,4,3],
         "工资":[5869.32,7256.34,6895.89,7289.72]
       }
mydf1 = pd.DataFrame(data)
mydf1.set_index(['姓名'],inplace=True)
display(mydf1)
```

单击工具栏中的"运行"按钮，显示 DataFrame 数据表数据信息如图 9.7 所示。

显示"工龄"的平均值，实现代码如下。

```
mydf1.工龄.mean()
```

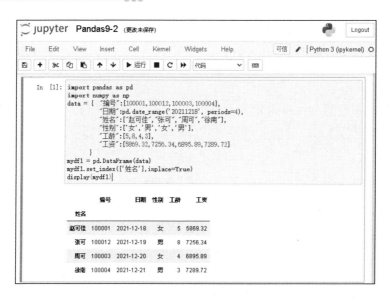

图 9.7　DataFrame 数据表数据信息

单击工具栏中的"运行"按钮，可以看到代码运行结果如图 9.8 所示。

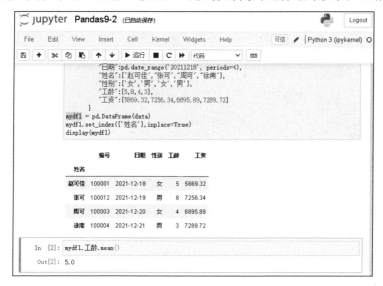

图 9.8　显示"工龄"的平均值的代码运行结果

程序运行结果 5.0 = (5+8+4+3)÷4

显示所有数字列的平均值，实现代码如下。

```
mydf1.mean(numeric_only=True)
```

单击工具栏中的"运行"按钮，可以看到代码运行结果如图9.9所示。

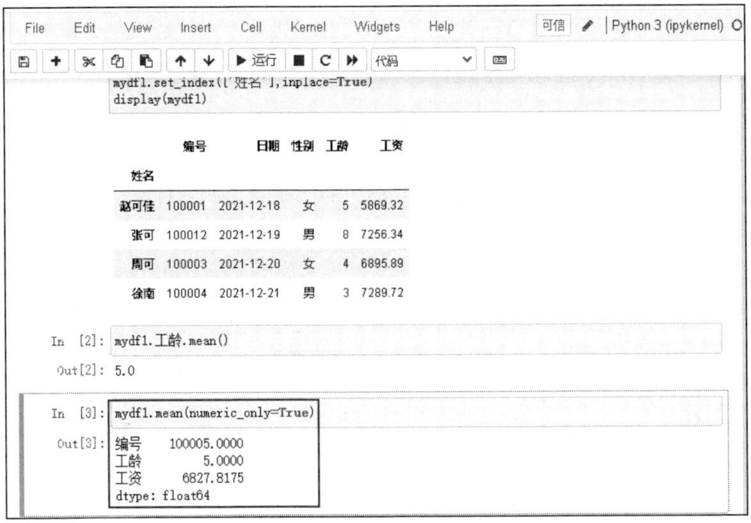

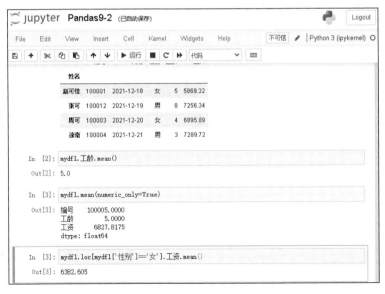

图 9.9　显示所有数字列的平均值的代码运行结果

显示性别为"女"的职工平均工资信息，实现代码如下。

```
mydf1.loc[mydf1['性别']=='女'].工资.mean()
```

单击工具栏中的"运行"按钮，可以看到代码运行结果如图9.10所示。

图 9.10　显示性别为"女"的职工平均工资信息的代码运行结果

同样地，显示职工姓名中含有"可"字的平均工龄信息，实现代码如下。

```
mydf1.filter(like ='可',axis=0).工龄.mean()
```

显示职工姓名中最后一个字是"可"字的平均工资信息，实现代码如下。

```
mydf1.filter(regex ='可$',axis=0).工资.mean()
```

下面把平均值进一步应用到 Pandas 筛选中。显示工资大于职工姓名中最后一个字是"可"字的平均工资的职工信息，实现代码如下。

```
mydf1.loc[mydf1['工资']>
        mydf1.filter(regex ='可$',axis=0).工资.mean()  ]
```

单击工具栏中的"运行"按钮，可以看到代码运行结果如图 9.11 所示。

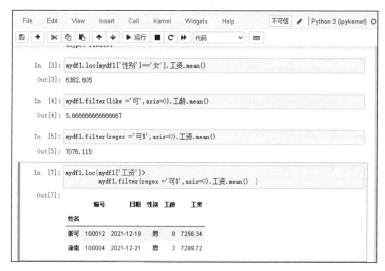

图 9.11　显示工资大于职工姓名中最后一个字是"可"字的平均工资的职工信息的代码运行结果

同样地，显示工龄小于职工姓名中含有"可"字的平均工龄的职工信息，实现代码如下。

```
myx = mydf1.filter(like ='可',axis=0).工龄.mean()
mydf1.query("工龄 < @myx")
```

显示工资大于等于"6000"，且工龄小于职工姓名中含有"可"字的平均工龄的职工信息，实现代码如下。

```
myx = mydf1.filter(like ='可',axis=0).工龄.mean()
```

```
mydf1.query("工龄 < @myx & 工资>=6000 ")
```

显示工资大于职工姓名中最后一个字是"可"字的平均工资，或工龄小于职工姓名中含有"可"字的平均工龄的职工信息，实现代码如下。

```
mya = mydf1.filter(regex ='可$',axis=0).工资.mean()
myb = mydf1.filter(like ='可',axis=0).工龄.mean()
mydf1.query(" 工资> @mya | 工龄 < @myb ")
```

9.3 max()函数的应用

max()函数用于返回 DataFrame 数据表中行或列的最大值，下面进行具体讲解。

9.3.1 max()函数及参数

max()函数的语法格式如下。

```
DataFrame.max(axis=None,skipna=None,level=None,numeric_only=None,
**kwargs)
```

语法中各参数意义与 sum()函数相同，这里不再重复介绍。

9.3.2 max()函数应用实例

下面通过具体实例讲解 max()函数的应用方法。

打开 Jupyter Notebook，新建 Python 代码文档，在单元中输入如下代码。

```
import pandas  as pd
mydf1 = pd.read_csv('myc1.csv')
display(mydf1)
```

单击工具栏中的"运行"按钮，显示 DataFrame 数据表数据信息如图 9.12 所示。

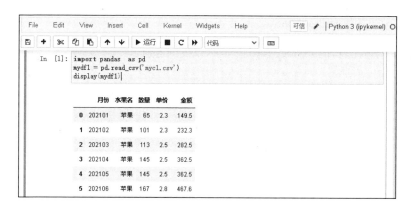

图 9.12　DataFrame 数据表数据信息

查看所有水果数量的最大值，实现代码如下。

```
mydf1.数量.max()
```

单击工具栏中的"运行"按钮，可以看到代码运行结果如图 9.13 所示。

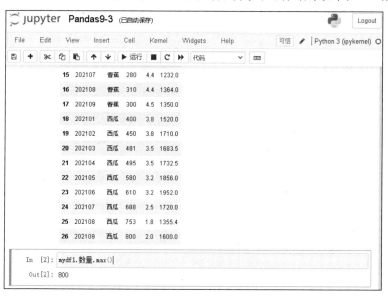

图 9.13　查看所有水果数量的最大值的代码运行结果

查看数量大于最大水果数量的 0.6 倍的所有水果信息，实现代码如下。

```
mydf1.loc[mydf1['数量']>mydf1.数量.max()*0.6]
```

单击工具栏中的"运行"按钮，可以看到代码运行结果如图 9.14 所示。

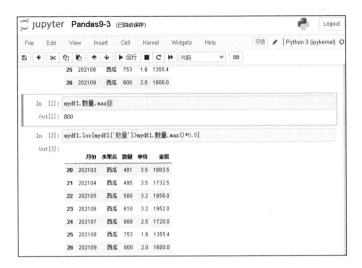

图 9.14　查看数量大于最大水果数量的 0.6 倍的水果信息的代码运行结果

同样地，查看水果名为"香蕉"的数量的最大值，实现代码如下。

```
mydf1.loc[mydf1['水果名']=='香蕉'].数量.max()
```

查看数量小于等于水果名为"香蕉"的数量的最大值 0.5 倍的所有水果信息，实现代码如下。

```
mydf1.loc[mydf1['数量']<=
        mydf1.loc[mydf1['水果名']=='香蕉'].数量.max()*0.5]
```

同时显示所有水果的数量、单价和金额的最大值，实现代码如下。

```
mydf1.max(numeric_only=True)
```

显示单价大于所有水果单价最大值的 0.8 倍，并且金额小于所有水果金额最大值的 0.9 倍的所有水果信息，实现代码如下。

```
mydf1.loc[(mydf1['单价']>mydf1.单价.max()*0.8) &
        (mydf1['金额']<mydf1.金额.max()*0.9 ) ]
```

下面来做一个复杂的查询，即有多个查询条件，并且条件中含有运算，具体如下。

条件 1：单价大于水果单价最大值的 0.6 倍；

条件 2：金额小于水果金额最大值的 0.95 倍；

条件 3：数量大于水果数量的平均值；

条件4：水果名不是苹果。

查询满足上述条件的所有水果信息，实现代码如下。

```
mya = mydf1.单价.max()*0.6
myb = mydf1.金额.max()*0.95
myc = mydf1.数量.mean()
mydf1.query(" (单价> @mya) & (金额 < @myb) & (数量>@myc) & (水果名 !='
苹果') ")
```

单击工具栏中的"运行"按钮，可以看到代码运行结果如图 9.15 所示。

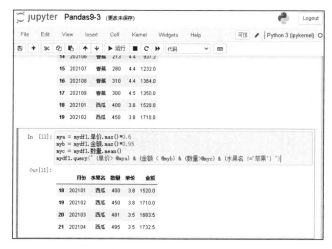

图 9.15　复杂查询生成的水果信息的代码运行结果

9.4　min()函数的应用

min()函数用于返回 DataFrame 数据表中行或列的最小值，下面进行具体讲解。

9.4.1　min()函数及参数

min()函数的语法格式如下。

```
DataFrame.min(axis=None,skipna=None,level=None,numeric_only=None,
**kwargs)
```

语法中各参数意义与 sum()函数相同，这里不再重复介绍。

9.4.2　min()函数应用实例

下面通过具体实例讲解 min()函数的应用方法。

打开 Jupyter Notebook，新建 Python 代码文档，在单元中输入如下代码。

```
import pandas as pd
mydf1 = pd.read_excel('myexcel1.xls',sheet_name=1)
display(mydf1)
```

单击工具栏中的"运行"按钮，显示 DataFrame 数据表数据信息如图 9.16 所示。

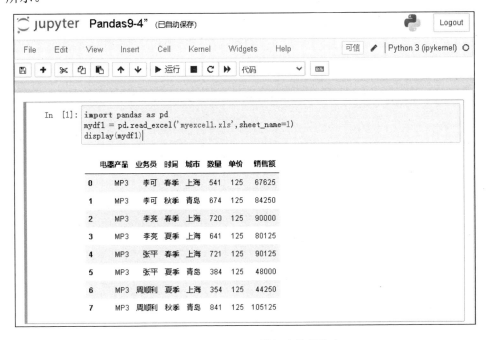

图 9.16　DataFrame 数据表数据信息

查看电器产品销售额的最小值，实现代码如下。

```
mydf1.销售额.min()
```

单击工具栏中的"运行"按钮，可以看到代码运行结果如图 9.17 所示。

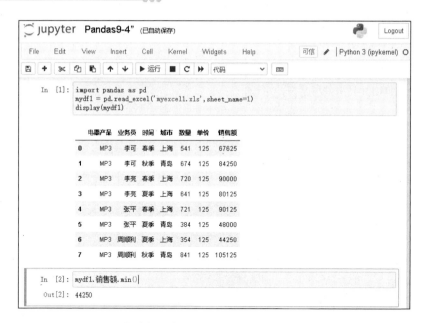

图 9.17　查看电器产品销售额的最小值的代码运行结果

查看销售额大于最小销售额 1.5 倍的电器信息，实现代码如下。

```
mydf1.loc[mydf1['销售额']>mydf1.销售额.min()*1.5]
```

单击工具栏中的"运行"按钮，可以看到代码运行结果如图 9.18 所示。

图 9.18　查看销售额大于最小销售额 1.5 倍的电器信息的代码运行结果

同样地，查看城市为"上海"，销售额大于最小销售额 1.4 倍的电器信息，实现代码如下。

```
mydf1.loc[(mydf1['销售额']>mydf1.销售额.min()*1.4)
          & (mydf1['城市']=='上海')         ]
```

同时显示电器产品的数量、单价和销售额的最小值，实现代码如下。

```
mydf1.min(numeric_only=True)
```

单击工具栏中的"运行"按钮，可以看到代码运行结果如图 9.19 所示。

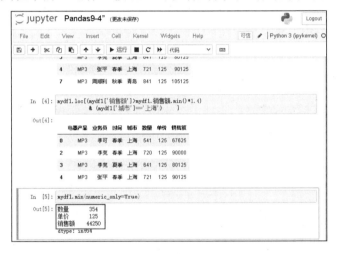

图 9.19　同时显示电器产品的数量、单价和销售额的最小值的代码运行结果

同样地，显示春季最小销售额，实现代码如下。

```
mydf1.loc[mydf1['时间']=='春季'].销售额.min()
```

显示销售额大于春季最小销售额，并且业务员不是"李可"的电器信息，实现代码如下。

```
mydf1.loc[(mydf1.loc[mydf1['时间']=='春季'].销售额.min())
          & (mydf1['业务员'] !='李可')         ]
```

9.5　count()函数的应用

count()函数用于返回 DataFrame 数据表中行或列的个数，下面进行具体讲解。

9.5.1　count()函数及参数

count()函数的语法格式如下。

```
DataFrame.count(axis=0, level=None, numeric_only=False)
```

语法中各参数意义与 sum()函数相同，这里不再重复介绍。

9.5.2　count()函数应用实例

下面通过具体实例讲解 count()函数的应用方法。

打开 Jupyter Notebook，新建 Python 代码文档，在单元中输入如下代码。

```
import pandas as pd
import numpy as np
data = {  "编号":[100001,100012,100003,100004],
        "日期":pd.date_range('20211218', periods=4),
        "姓名":["赵可佳","张可","周可","徐南"],
        "性别":['女','男','女','男'],
        "工龄":[5,8,np.nan,3],
        "工资":[5869.32,np.nan,6895.89,np.nan]
    }
mydf1 = pd.DataFrame(data)
display(mydf1)
```

需要注意，代码中 np.nan 为空值，表示当前不知道该值的信息。

单击工具栏中的"运行"按钮，显示 DataFrame 数据表数据信息如图 9.20 所示。

下面来看一下"工龄"列的数据个数，实现代码如下。

```
mydf1.工龄.count()
```

单击工具栏中的"运行"按钮，可以看到代码运行结果如图 9.21 所示。

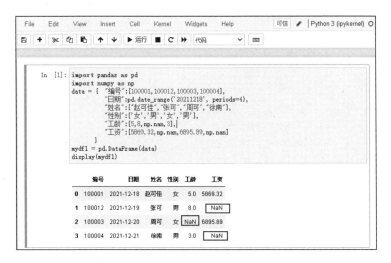

图 9.20　DataFrame 数据表数据信息

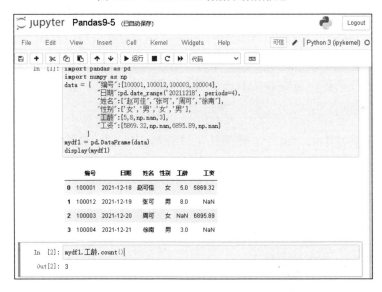

图 9.21　显示"工龄"列数据个数的代码运行结果

注意，虽然有 4 行，但由于有一个空值，因此"工龄"列的数据个数为 3，而不是 4。

下面来看一下所有列的数据个数，实现代码如下。

```
mydf1.count()
```

单击工具栏中的"运行"按钮，可以看到代码运行结果如图 9.22 所示。

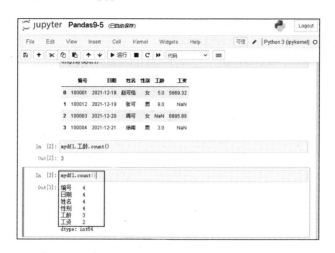

图 9.22　显示所有列的数据个数的代码运行结果

在这里可以看到"编号"、"日期"、"姓名"和"性别"列的数据个数都是 4，"工龄"列的数据个数为 3（由于有一个空值），"工资"列的数据个数为 2（由于有两个空值）。

同理，我们还可以查看所有行的数据个数，实现代码如下。

```
mydf1.count(axis=1)
```

单击工具栏中的"运行"按钮，可以看到代码运行结果如图 9.23 所示。

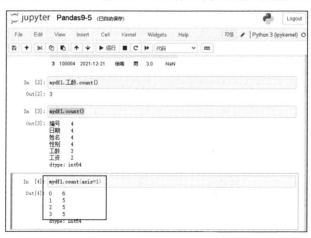

图 9.23　所有行的数据个数的代码运行结果

在这里，只有第 1 行没有空值，所以第 1 行数据个数为 6。第 2、3、4 行都有一个空值，所以数据个数都为 5。

第 10 章

Pandas 数据的分组与透视

在数据分析过程中，常常需要将数据根据某一个或多个字段划分为不同的群体（group）进行分析，这就是分组。透视表是一种可以对数据动态排布并且分类汇总的表格格式。之所以称为透视表，是因为它可以动态地改变数据表格的版面布置，以便按照不同方式分析数据。每一次改变版面布置，透视表会立即按照新的布置重新计算数据。

本章主要内容包括：

✓ groupby()方法及参数。

✓ groupby()方法的应用。

✓ agg()方法的应用。

✓ transform()方法的应用。

✓ pivot_table()方法及参数。

✓ 利用 pivot_table()方法透视数据实例。

✓ crosstab()方法及参数。

✓ 利用 crosstab()方法透视数据实例。

10.1　Pandas数据的分组

在 Pandas 中，数据的分组是通过 groupby()方法来完成的，下面进行详细讲解。

10.1.1　groupby()方法及参数

groupby()方法的语法格式如下。

```
DataFrame.groupby(by=None, axis=0, level=None, as_index=True, sort=
True, group_keys=True, squeeze=False, **kwargs)
```

语法中各参数的意义如下。

（1）by：用来设置要分组的字段。

（2）axis：用来设置对行或列进行分组。默认情况下，axis 的值为 0，即对行进行分组；如果想对列进行分组，则设置 axis 的值为 1。

（3）level：如果索引为多索引，可以设置沿着哪个索引进行分组。

（4）as_index：对于分组输出，返回组标签作为索引的对象。

（5）sort：对分组后的数据进行排序。

（6）group_keys：当调用 apply 时，将组键添加到索引以标识片段。

（7）squeeze：如果可能，导出返回类型的维度，否则返回一致的类型。

（8）** kwargs：这是一个可选参数，传递给函数的其他关键字参数。

10.1.2　groupby()方法的应用

下面通过具体实例讲解如何利用 groupby()方法进行数据分组。

打开 Jupyter Notebook，新建 Python 代码文档，在单元中输入如下代码。

```
import pandas as pd
```

```
mydf1 = pd.read_excel('myexcel1.xls',sheet_name=1)
display(mydf1)
```

单击工具栏中的"运行"按钮，显示 DataFrame 数据表数据信息如图 10.1 所示。

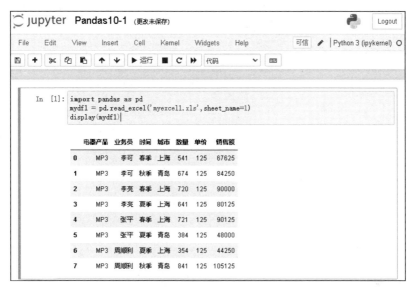

图 10.1　DataFrame 数据表数据信息

下面利用"城市"列进行分组，即"上海"数据为一组，"青岛"数据为一组，实现代码如下。

```
myg1 = mydf1.groupby('城市')
print(myg1)
```

分组成功后，可以先来查看分组情况，实现代码如下。

```
print(myg1.groups)
```

单击工具栏中的"运行"按钮，可以看到代码运行结果如图 10.2 所示。

在这里可以看到，"上海"组包括的行数是第 1、3、4、5、7 行，"青岛"组包括的行数是第 2、6、8 行。

利用 get_group() 方法可以查看分组后的每一组数据的信息。假如查看"上海"组的数据信息，实现代码如下。

```
display(myg1.get_group('上海'))
```

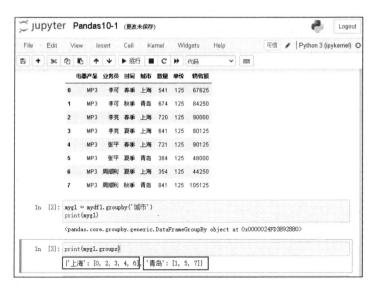

图 10.2　查看分组情况的代码运行结果

单击工具栏中的"运行"按钮，可以看到代码运行结果如图 10.3 所示。

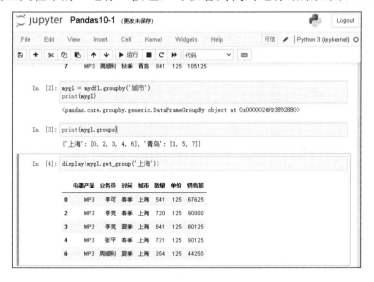

图 10.3　查看"上海"组的数据信息的代码运行结果

还可以利用 for 循环同时显示所有分组数据信息，实现代码如下。

```
for name,group in myg1:
    display(name)
display(group)
```

单击工具栏中的"运行"按钮，可以看到代码运行结果如图 10.4 所示。

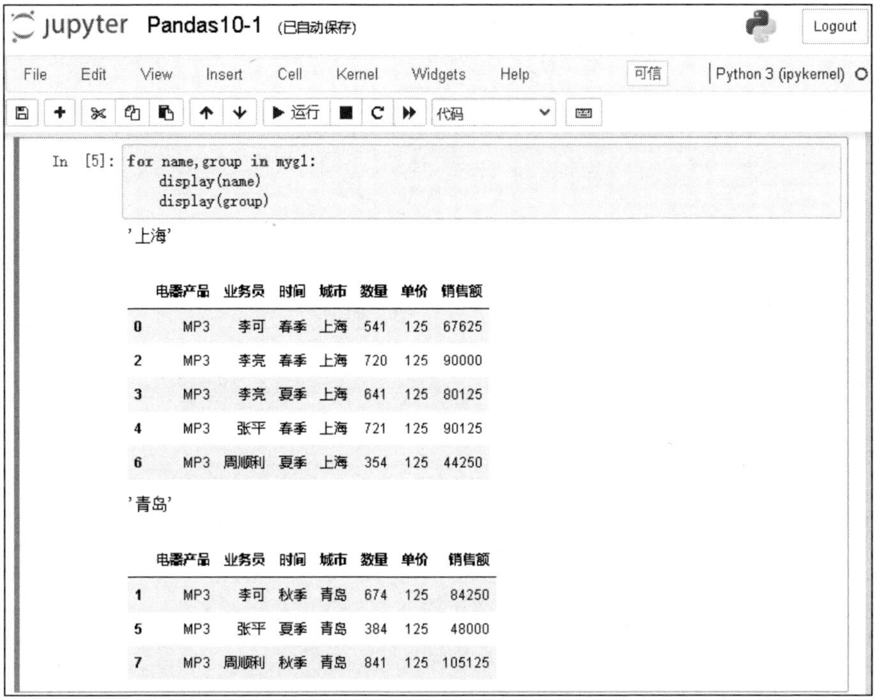

图 10.4　利用 for 循环同时显示所有分组数据信息的代码运行结果

前面讲解的是单字段分组，还可以进行多字段分组。假如先按"城市"列分组，再按"时间"列分组，实现代码如下。

```
myg2 = mydf1.groupby(['城市','时间'])
myg2.groups
```

单击工具栏中的"运行"按钮，可以看到代码运行结果如图 10.5 所示。

在这里可以看到，"上海夏季"组有两行数据，分别是第 4 行和第 7 行；"上海春季"组有 3 行数据，分别是第 1 行、第 3 行和第 5 行；"青岛夏季"组有 1 行数据，即第 6 行；"青岛秋季"组有两行数据，分别是第 2 行和第 8 行。

利用 get_group()方法查看"青岛秋季"组的数据，实现代码如下。

```
display(myg2.get_group(('青岛', '秋季')))
```

单击工具栏中的"运行"按钮，可以看到代码运行结果如图 10.6 所示。

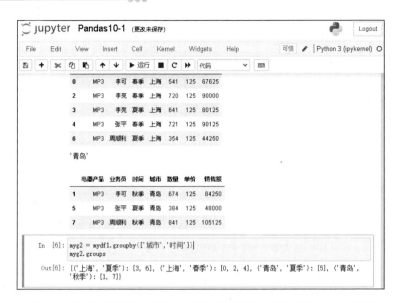

图 10.5 先按"城市"列分组，再按"时间"列分组的代码运行结果

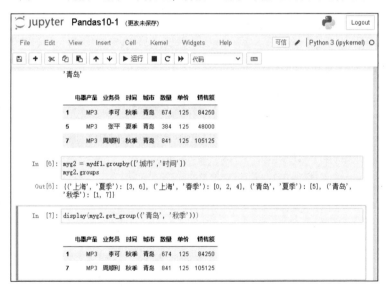

图 10.6 查看"青岛秋季"组的数据的代码运行结果

利用 for 循环同时显示所有分组数据信息，实现代码如下。

```
for name,group in myg2:
    display(name)
display(group)
```

单击工具栏中的"运行"按钮，可以看到代码运行结果如图 10.7 所示。

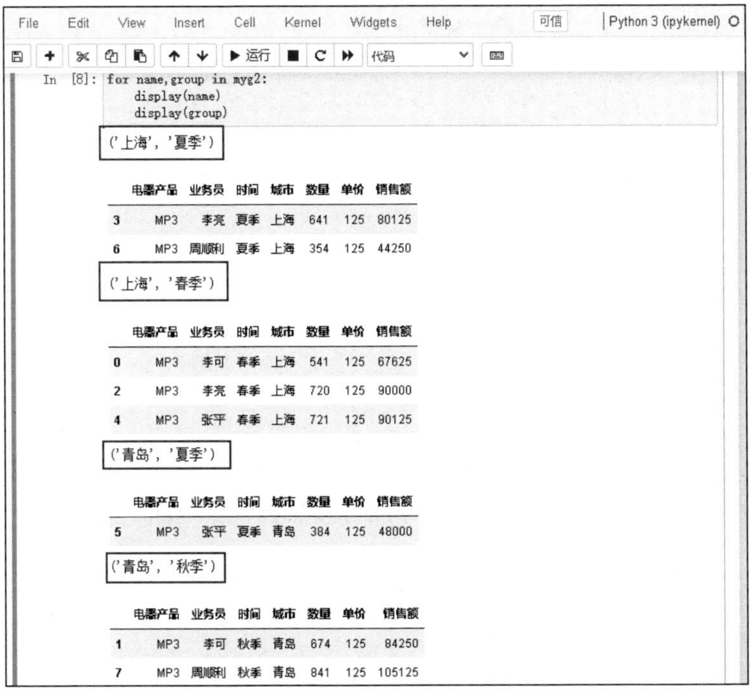

图 10.7　显示所有分组数据信息的代码运行结果

10.1.3　agg()方法的应用

数据分组之后，可以利用 agg()方法对分组后的数据进行聚合操作，即求和、平均值、最大值、最小值、计数等，下面通过具体实例进行讲解。

打开 Jupyter Notebook，新建 Python 代码文档，在单元中输入如下代码。

```
import pandas as pd
mydf1 = pd.read_excel('myexcel1.xls',sheet_name=1)
display(mydf1)
mygb1 = mydf1.groupby('时间')
print(mygb1.groups)
```

注意，这里是按"时间"列进行分组的。

单击工具栏中的"运行"按钮，可以看到代码运行结果如图 10.8 所示。

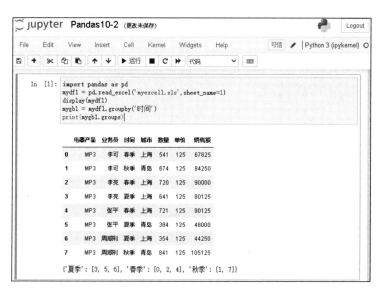

图 10.8　按 "时间" 列进行分组的代码运行结果

从分组结果可以看到，"夏季" 有 3 行数据，"春季" 也有 3 行数据，秋季有 2 行数据。

下面利用 agg() 方法显示数据分组后 "数量" 列的平均值信息，实现代码如下。

```
display(mygb1['数量'].agg(['mean']))
```

单击工具栏中的 "运行" 按钮，可以看到代码运行结果如图 10.9 所示。

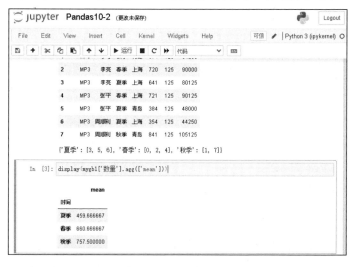

图 10.9　显示数据分组后 "数量" 列的平均值信息的代码运行结果

利用 agg()方法可以同时显示多个聚合函数值，这里以"销售额"列为例，实现代码如下。

```
display(mygb1['销售额'].agg(['mean','sum','max','min','count']))
```

单击工具栏中的"运行"按钮，可以看到代码运行结果如图 10.10 所示。

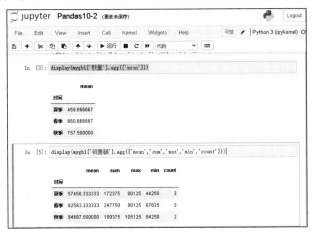

图 10.10　利用 agg()方法显示多个聚合函数值的代码运行结果

也可以显示数据多字段分组后的聚合函数值。下面先按"时间"列分组，再按"业务员"列分组，实现代码如下。

```
mygb2 = mydf1.groupby(['时间','业务员'])
mygb2.groups
```

单击工具栏中的"运行"按钮，可以看到代码运行结果如图 10.11 所示。

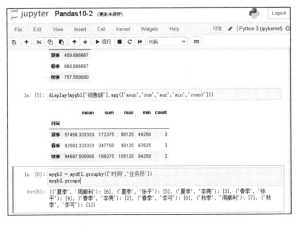

图 10.11　显示数据多字段分组的代码运行结果

下面来看一下数据多字段分组后"数量"列的聚合函数值，实现代码如下。

```
display(mygb2['数量'].agg(['mean','sum','max','min','count']))
```

单击工具栏中的"运行"按钮，可以看到代码运行结果如图 10.12 所示。

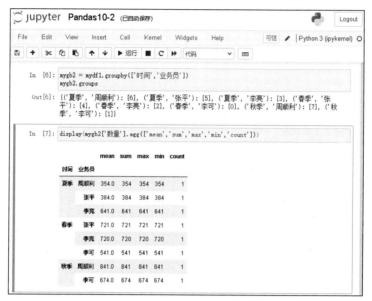

图 10.12   显示数据多字段分组后"数量"列的聚合函数值的代码运行结果

10.1.4   transform()方法的应用

数据分组后，可以利用 transform()方法把求出的分组聚合函数值添加到原来的 DataFrame 数据表中，下面通过实例进行讲解。

打开 Jupyter Notebook，新建 Python 代码文档，在单元中输入如下代码。这里按"城市"列来分组。

```
import pandas as pd
mydf1 = pd.read_excel('myexcel1.xls',sheet_name=1)
display(mydf1)
mygb1 = mydf1.groupby('城市')
print(mygb1.groups)
```

单击工具栏中的"运行"按钮，可以看到代码运行结果如图 10.13 所示。

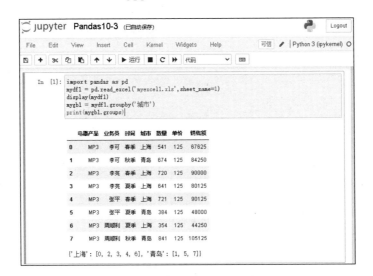

图 10.13　按"城市"列来分组的代码运行结果

下面把分组后不同城市数量平均值添加到 mydf1 数据表中，实现代码如下。

```
mydf1['不同城市数量平均值']= mydf1.groupby('城市')['数量'].transform('mean')
display(mydf1)
```

单击工具栏中的"运行"按钮，可以看到代码运行结果如图 10.14 所示。

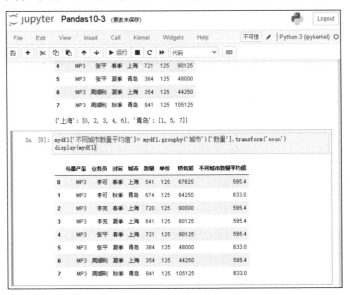

图 10.14　将不同城市数量平均值添加到 mydf1 数据表中的代码运行结果

同理，还可以添加分组后的其他聚合函数值，这里添加不同城市销售额的平均值和最大值，实现代码如下。

```
mydf1['不同城市销售额平均值']= mydf1.groupby('城市')['销售额'].transform ('mean')
mydf1['不同城市销售额最大值']= mydf1.groupby('城市')['销售额'].transform ('max')
display(mydf1)
```

单击工具栏中的“运行”按钮，可以看到代码运行结果如图 10.15 所示。

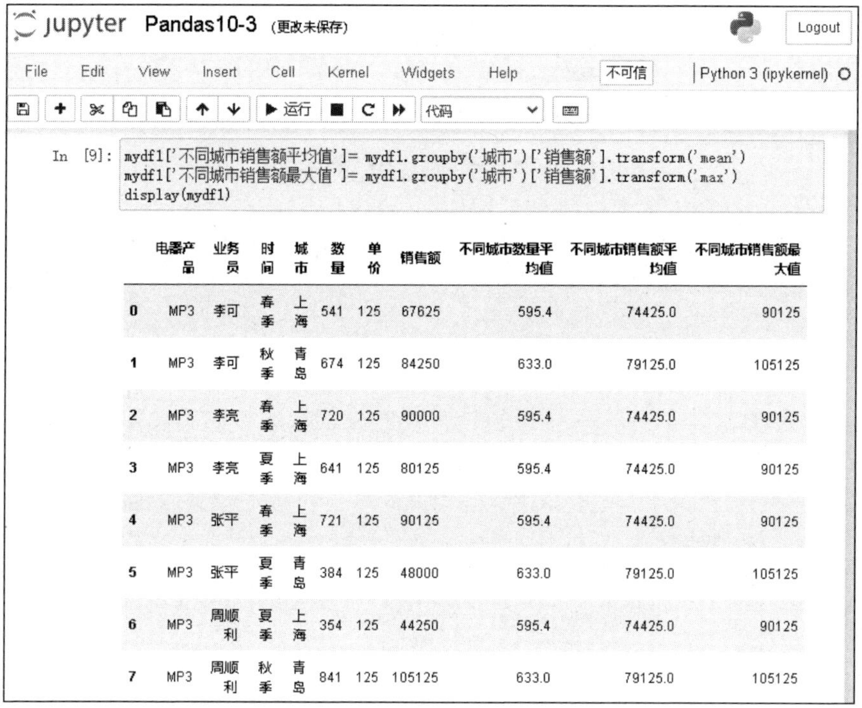

	电器产品	业务员	时间	城市	数量	单价	销售额	不同城市数量平均值	不同城市销售额平均值	不同城市销售额最大值
0	MP3	李可	春季	上海	541	125	67625	595.4	74425.0	90125
1	MP3	李可	秋季	青岛	674	125	84250	633.0	79125.0	105125
2	MP3	李亮	春季	上海	720	125	90000	595.4	74425.0	90125
3	MP3	李亮	夏季	上海	641	125	80125	595.4	74425.0	90125
4	MP3	张平	春季	上海	721	125	90125	595.4	74425.0	90125
5	MP3	张平	夏季	青岛	384	125	48000	633.0	79125.0	105125
6	MP3	周顺利	夏季	上海	354	125	44250	595.4	74425.0	90125
7	MP3	周顺利	秋季	青岛	841	125	105125	633.0	79125.0	105125

图 10.15　添加不同城市销售额平均值和最大值的代码运行结果

还可以显示多列分组后的聚合函数值信息。例如，显示按“城市”和“时间”列分组后，数量的平均值信息，实现代码如下。

```
mydf1['不同城市和时间的平均值']= mydf1.groupby(['城市','时间'])['数量']
.transform('mean')
display(mydf1)
```

单击工具栏中的“运行”按钮，可以看到代码运行结果如图 10.16 所示。

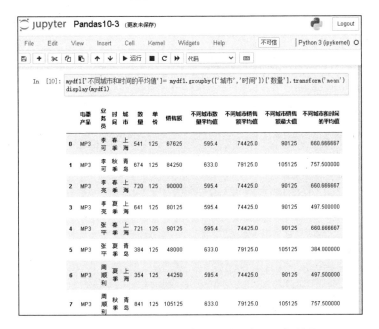

图 10.16　不同城市和时间的平均值代码运行结果

需要注意，如果 DataFrame 数据表中字段太多，可以利用 loc[ ] 提取字段，这里提取 4 个字段，实现代码如下。

```
mydf1.loc[:,['城市','时间','不同城市数量平均值','不同城市和时间的平均值']]
```

单击工具栏中的"运行"按钮，可以看到代码运行结果如图 10.17 所示。

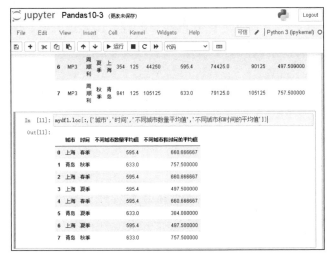

图 10.17　利用 loc[ ]提取字段的代码运行结果

10.2　Pandas数据的透视

在 Pandas 中，数据的透视是通过 pivot_table()方法或 crosstab()方法实现的，下面分别对这两种方法做详细介绍。

10.2.1　pivot_table()方法及参数

pivot_table()方法的语法格式如下。

```
Pandas.pivot_table(data, values=None, index=None, columns=None, aggfunc=
'mean', fill_value=None, margins=False, dropna=True, margins_name=
'All')
```

语法中各参数的意义如下。

（1）data：用来设置要操作的 DataFrame 数据表。

（2）values：用来设置要计算的列。

（3）index：用来设置行分组索引。

（4）columns：用来设置列分组索引。

（5）aggfunc：用来设置进行数据计算的聚合函数或函数列表。

（6）fill_value：用来设置默认值。

（7）margins：用来设置是否添加行和列的总计，默认值为 False 表示不添加，如果想添加，则要设置 margins 的值为 True。

（8）dropna：当某一列中所有值都是 NaN 时，该参数用来决定是否删除该列，默认值为 True 表示删除，如不删除，则要设置 dropna 的值为 False。

（9）margins_name：当 margins 的值为 True 时，设置 margins 行或列的名称，默认名为 All。

10.2.2　利用 pivot_table()方法透视数据实例

下面通过实例讲解如何利用 pivot_table()方法透视数据。

打开 Jupyter Notebook，新建 Python 代码文档，在单元中输入如下代码。

```
import pandas as pd
mydf1 = pd.read_excel('myexcel1.xls',sheet_name=1)
display(mydf1)
```

单击工具栏中的"运行"按钮，显示 DataFrame 数据表数据信息如图 10.18 所示。

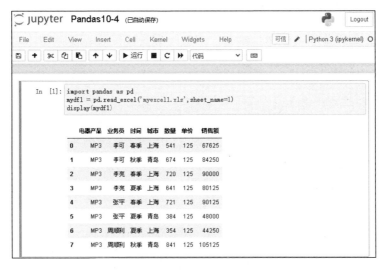

图 10.18　DataFrame 数据表数据信息

显示不同城市的透视信息，即显示不同城市的"数量""单价""销售额"列的平均值信息，实现代码如下。

```
display(pd.pivot_table(mydf1,index='城市'))
```

单击工具栏中的"运行"按钮，可以看到代码运行结果如图 10.19 所示。

下面设置行索引为"城市"、列索引为"时间"来透视数据，实现代码如下。

```
display(pd.pivot_table(mydf1,index='城市',columns='时间'))
```

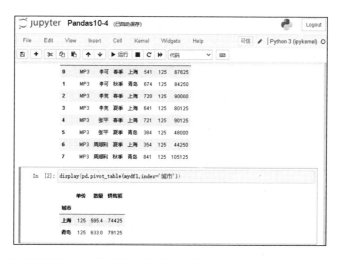

图 10.19　显示不同城市的"数量""单价""销售额"列的平均值信息的代码运行结果

单击工具栏中的"运行"按钮，可以看到代码运行结果如图 10.20 所示。

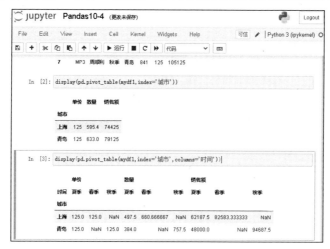

图 10.20　设置行索引为"城市"、列索引为"时间"来透视数据的代码运行结果

需要注意，如果没有数据，就会自动添加空值 NaN。

下面设置行索引为"时间"、列索引为"城市"，透视数据内容为"数量""单价""销售额"的和及平均值，实现代码如下。

```
import numpy as np
display(pd.pivot_table(mydf1,index='时间',columns='城市',aggfunc=
[np.sum,np.mean]))
```

单击工具栏中的"运行"按钮，可以看到代码运行结果如图 10.21 所示。

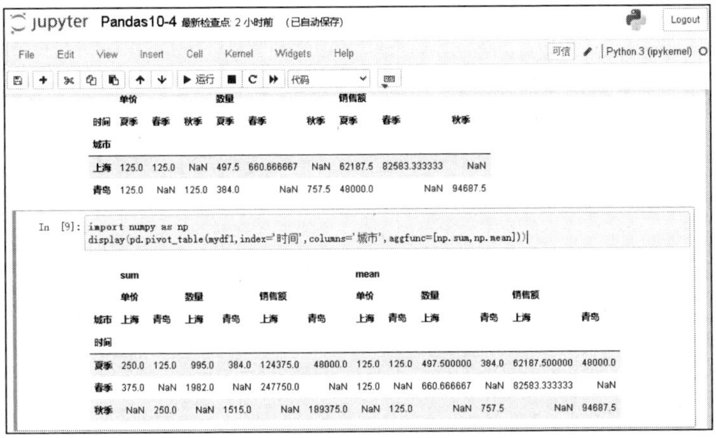

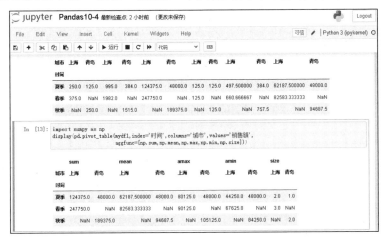

图 10.21　设置行索引为"时间"、列索引为"城市"，透视数据内容为"数量"
"单价""销售额"的和及平均值的代码运行结果

下面设置行索引为"时间"、列索引为"城市"，透视数据内容为"销售额"
的和、平均值、最大值、最小值、计数，实现代码如下。

```
import numpy as np
display(pd.pivot_table(mydf1,index='时间',columns='城市',values='
销售额', aggfunc=[np.sum,np.mean,np.max,np.min,np.size]))
```

单击工具栏中的"运行"按钮，可以看到代码运行结果如图 10.22 所示。

图 10.22　设置行索引为"时间"、列索引为"城市"，透视数据内容为"销售额"的和、
平均值、最大值、最小值、计数的代码运行结果

下面把空值 NaN 都填充为 0，实现代码如下。

```
import numpy as np
display(pd.pivot_table(mydf1,index='时间',columns='城市',values='销售额',
      aggfunc=[np.sum,np.mean,np.max,np.min,np.size], fill_value=0))
```

单击工具栏中的"运行"按钮，可以看到代码运行结果如图 10.23 所示。

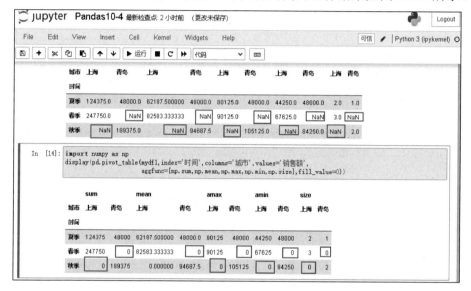

图 10.23 把空值 NaN 都填充为 0 的代码运行结果

接下来，添加行和列的总计，实现代码如下。

```
import numpy as np
display(pd.pivot_table(mydf1,index='时间',columns='城市',values='
销售额', aggfunc=[np.sum,np.mean,np.max,np.min,np.size] ,fill_value=0,
margins=True ))
```

单击工具栏中的"运行"按钮，可以看到代码运行结果如图 10.24 所示。

总计的默认名是英文"All"，下面把"All"修改为"总计"，实现代码如下。

```
import numpy as np
display(pd.pivot_table(mydf1,index='时间',columns='城市',values='
销售额', aggfunc=[np.sum,np.mean,np.max,np.min,np.size] ,fill_value=0,
margins=True, margins_name='总计'))
```

单击工具栏中的"运行"按钮，可以看到代码运行结果如图 10.25 所示。

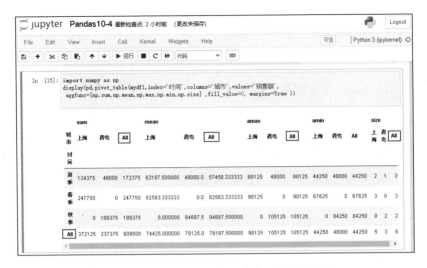

图 10.24　添加行和列的总计的代码运行结果

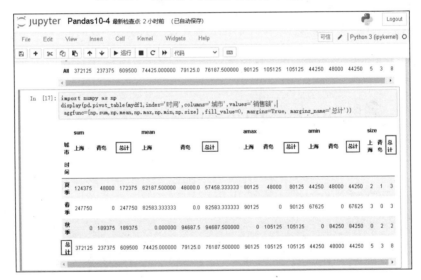

图 10.25　把"All"修改为"总计"的代码运行结果

10.2.3　crosstab()方法及参数

crosstab()方法的语法格式如下。

```
Pandas.crosstab(index,columns,values=None,aggfunc=None,margins=F
alse, margins_name: str = 'All', dropna: bool = True,normalize=False)
```

语法中各参数的意义如下。

（1）index：用来设置行分组索引。

（2）columns：用来设置列分组索引。

（3）values：用来设置要计算的列。

（4）aggfunc：用来设置数据计算的聚合函数或函数列表。

（5）margins：用来设置是否添加行和列的总计，默认值为 False，表示不添加，如果想添加，则要设置 margins 的值为 True。

（6）margins_name：当 margins 的值为 True 时，设置 margins 行或列的名称，默认名为 All。

（7）dropna：如果列的所有值都是 NaN，则该参数决定是否删除这一列，默认值为 True，表示删除，如不删除，则要设置其值为 False。

（8）normalize：通过将所有值除以值的总和进行归一化。

10.2.4 利用 crosstab()方法透视数据实例

下面通过实例讲解如何利用 crosstab()方法透视数据。

打开 Jupyter Notebook，新建 Python 代码文档，在单元中输入如下代码。

```
import pandas as pd
mydf1 = pd.read_excel('myexcel1.xls',sheet_name=1)
display(mydf1)
```

单击工具栏中的"运行"按钮，显示 DataFrame 数据表数据信息如图 10.26 所示。

设置行索引为"城市"、列索引为"时间"来透视数据，实现代码如下。

```
pd.crosstab(mydf1.城市,mydf1.时间)
```

单击工具栏中的"运行"按钮，可以看到代码运行结果如图 10.27 所示。

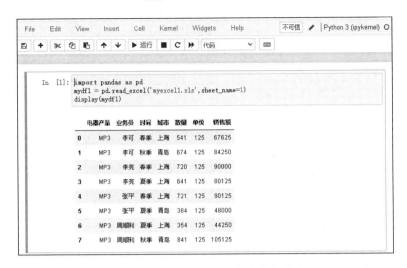

图 10.26 DataFrame 数据表数据信息

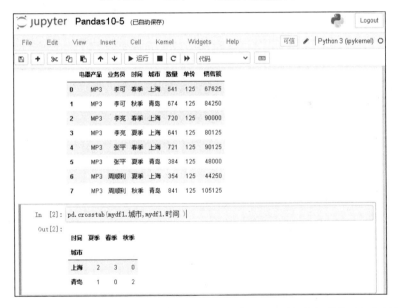

图 10.27 设置行索引为"城市"、列索引为"时间"来透视数据的代码运行结果

在这里可以看到"上海夏季"有 2 行数据;"上海春季"有 3 行数据;"上海秋季"没有数据;"青岛夏季"有 1 行数据;"青岛春季"没有数据;"青岛秋季"有 2 行数据。

显示行和列的总计的实现代码如下。

```
pd.crosstab(mydf1.城市,mydf1.时间 ,margins = True)
```

单击工具栏中的"运行"按钮，可以看到代码运行结果如图 10.28 所示。

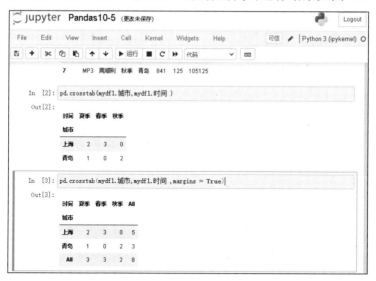

图 10.28　显示行和列的总计的代码运行结果

行和列的总计默认名称为"All"，如果想修改为"总计"，实现代码如下。

```
pd.crosstab(mydf1.城市,mydf1.时间 ,margins = True,margins_name='总计')
```

单击工具栏中的"运行"按钮，可以看到代码运行结果如图 10.29 所示。

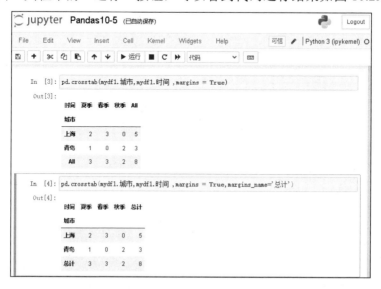

图 10.29　修改行和列的默认名的代码运行结果

如果透视信息为"销售额"的和，实现代码如下。

```
import numpy as np
pd.crosstab(mydf1.城市,mydf1.时间,values=mydf1.销售额,aggfunc=
np.sum)
```

单击工具栏中的"运行"按钮，可以看到代码运行结果如图 10.30 所示。

图 10.30　透视信息为"销售额"的和的代码运行结果

可以同时透视多个聚合函数值，例如，同时透视"销售额"的和、平均值、最大值、最小值及计数，实现代码如下。

```
import numpy as np
pd.crosstab(mydf1. 城 市 ,mydf1. 时 间 ,values=mydf1. 销 售
额,aggfunc=[np.sum, np.mean,np.max,np.min,np.size])
```

单击工具栏中的"运行"按钮，可以看到代码运行结果如图 10.31 所示。

还可以设置多个行索引，例如，设置行索引为"城市"和"业务员"，列索引为"时间"，实现代码如下。

```
import numpy as np
pd.crosstab([mydf1.城市,mydf1.业务员],mydf1.时间,values=mydf1.销售
额,aggfunc=np.sum)
```

图 10.31 同时透视"销售额"的和、平均值、最大值、最小值及计数的代码运行结果

单击工具栏中的"运行"按钮，可以看到代码运行结果如图 10.32 所示。

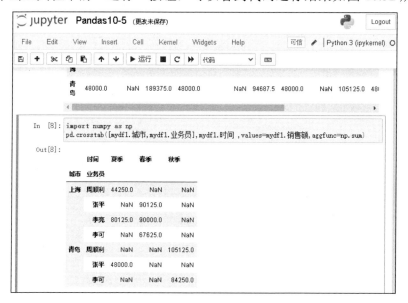

图 10.32 设置行索引为"城市"和"业务员"，列索引为"时间"的代码运行结果

还可以设置多个列索引，例如，设置行索引为"城市"，列索引为"时间"和"业务员"，实现代码如下。

```
import numpy as np
pd.crosstab(mydf1.城市,[mydf1.时间,mydf1.业务员] ,values=mydf1.销售额,aggfunc=np.mean)
```

单击工具栏中的"运行"按钮，可以看到代码运行结果如图 10.33 所示。

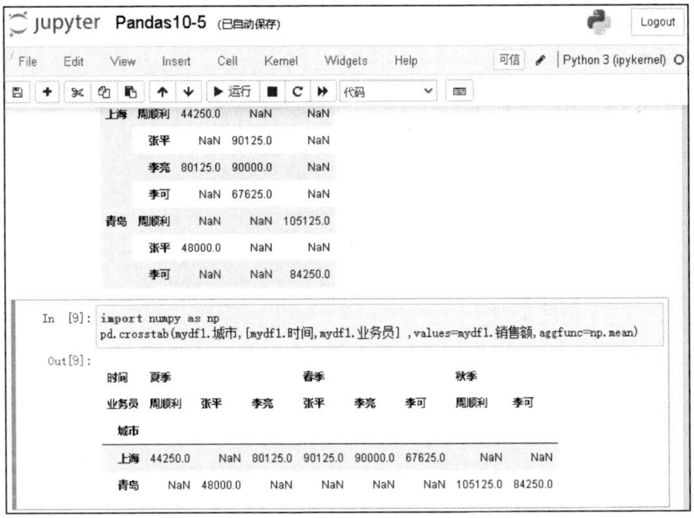

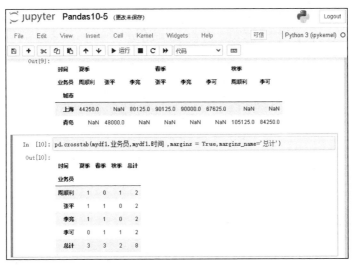

图 10.33　设置行索引为"城市"，列索引为"时间"和"业务员"的代码运行结果

我们再来看一下数据的归一化。归一化之前的数据透视信息，即行索引为"业务员"，列索引为"时间"，显示列和行的总计，实现代码如下。

```
pd.crosstab(mydf1.业务员,mydf1.时间,margins = True,margins_name='总计')
```

单击工具栏中的"运行"按钮，可以看到代码运行结果如图 10.34 所示。

图 10.34　显示列和行的总计的代码运行结果

下面按行归一化，实现代码如下。

```
pd.crosstab(mydf1.业务员,mydf1.时间 ,margins = True,margins_name='总计',
normalize='index')
```

单击工具栏中的"运行"按钮，可以看到代码运行结果如图 10.35 所示。

图 10.35　按行归一化的代码运行结果

注意，按行归一化是指第一行的数据除以这一行的数据总和所得到的数。

下面按列归一化，实现代码如下。

```
pd.crosstab(mydf1.业务员,mydf1.时间 ,margins = True,margins_name='总计
', normalize='columns')
```

单击工具栏中的"运行"按钮，可以看到代码运行结果如图 10.36 所示。

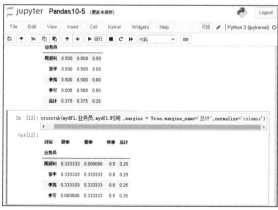

图 10.36　按列归一化的代码运行结果

注意，按列归一化是指第一列的数据除以这一列的数据总和所得到的数。

第 11 章

Pandas 数据的统计

Pandas 数据的统计主要指数据采样、数据表描述性统计、中位数的应用和协方差的应用等。

本章主要内容包括：

- ✓ sample()方法及参数。
- ✓ 利用 sample()方法进行数据采样实例。
- ✓ 数据表描述性统计。
- ✓ 利用 describe()方法进行数据表描述性统计实例。
- ✓ 中位数的应用。
- ✓ 方差的应用。
- ✓ 标准差的应用。
- ✓ 协方差的应用。
- ✓ 协方差相关系数的应用。

11.1 数据采样

在日常数据分析处理过程中，有时只需要数据的一部分，而不是全部的数据，这时就需要对数据集进行随机抽样，这就是数据采样。

11.1.1　sample()方法及参数

在 Pandas 中，数据采样需要使用 sample()方法，该方法的语法格式如下。

```
DataFrame.sample(n=None, frac=None, replace=False, weights=None,
random_state=None, axis=None)
```

语法中各参数的意义如下。

（1）n：用来设置要抽取的行数。

（2）frac：用来设置抽取行的比例。

（3）replace：用来设置是否放回抽样。如果其值为 True，则表示要放回抽样，可以再取；如果其值为 False，则表示不放回抽样，只能取其他数据。

（4）weights：字符索引或概率数组（指定权重信息），如果 axis 的值为 0，则 weights 表示行索引或概率数组；如果 axis 的值为 1，则 weights 表示列索引或概率数组。

（5）random_state：如果其值为 1，则表示可以取重复数据；如果其值为 0，则表示不可以取重复数据。

（6）axis：用来设置随机抽取的是行还是列，如果其值为 0，则表示随机抽取的是行；如果其值为 1，则表示随机抽取的是列。

11.1.2　利用 sample()方法进行数据采样实例

下面通过具体实例讲解如何利用 sample()方法进行数据采样。

打开 Jupyter Notebook，新建 Python 代码文档，在单元中输入如下代码。

```
import pandas  as pd
mydf1 = pd.read_csv('myc1.csv')
display(mydf1)
```

单击工具栏中的"运行"按钮，显示 DataFrame 数据表数据信息如图 11.1 所示。

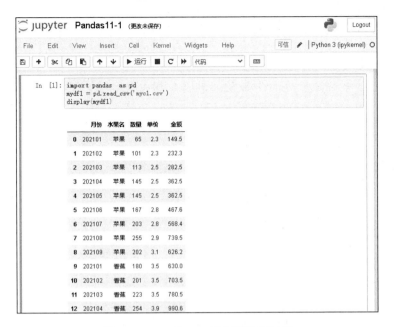

图 11.1　DataFrame 数据表数据信息

该数据表中有 26 行数据，下面随机抽取 5 行数据，实现代码如下。

```
mydf1.sample(n=5)
```

单击工具栏中的"运行"按钮，可以看到代码运行结果如图 11.2 所示。

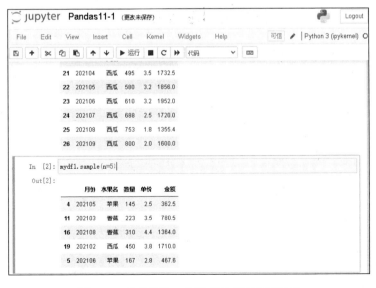

图 11.2　随机抽取 5 行数据的代码运行结果

下面随机抽取 50%行的数据，实现代码如下。

```
mydf1.sample(frac=0.5)
```

单击工具栏中的"运行"按钮，可以看到代码运行结果如图 11.3 所示。

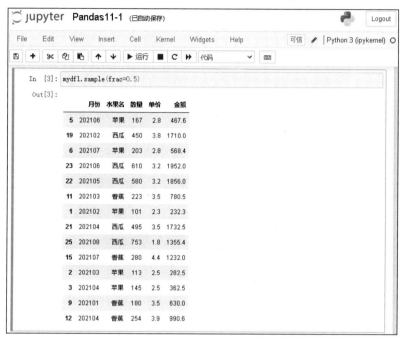

图 11.3　随机抽取 50%行的数据的代码运行结果

下面随机抽取 12 行数据，这里设置抽样放回，实现代码如下。

```
mydf1.sample(n=12,replace=True)
```

需要注意，在默认情况下，抽样不放回，所以没有重复数据，这里设置抽样放回，就可能出现重复数据。

单击工具栏中的"运行"按钮，可以看到代码运行结果如图 11.4 所示。

下面先筛选数据，再随机抽取金额大于"1500"的水果信息，实现代码如下。

```
mydf2 = mydf1.loc[mydf1['金额']>1500]
display(mydf2)
```

单击工具栏中的"运行"按钮，可以看到代码运行结果如图 11.5 所示。

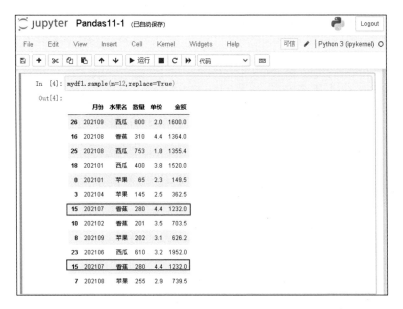

图 11.4　随机抽取 12 行数据并设置抽样放回的代码运行结果

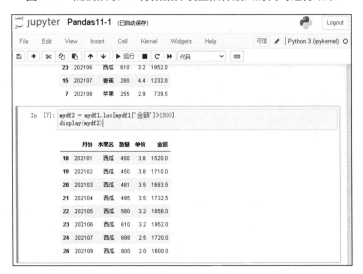

图 11.5　抽取金额大于"1500"的水果信息的代码运行结果

在这里可以看到金额大于"1500"的水果数据有 8 行。下面从这 8 行数据中随机抽取 3 行，实现代码如下。

```
mydf2.sample(n=3)
```

单击工具栏中的"运行"按钮，可以看到代码运行结果如图 11.6 所示。

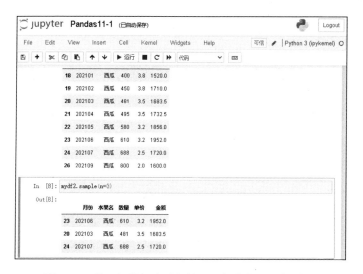

图 11.6　从 8 行数据中随机抽取 3 行的代码运行结果

从 8 行数据中随机抽取 3 行，每行的随机抽取概率都一样。在这里还可以设置每一行的权重值，即选取每行抽取概率的大小，实现代码如下。

```
mydf2.sample(n=3, weights=[0.1,0.2,0.1,0.1,0.1,0.2,0.1,0.1])
```

需要注意，这里有 8 行，所以要设置这 8 行中每一行的权重值，8 个权重值相加的和要等于 1。

单击工具栏中的"运行"按钮，可以看到代码运行结果如图 11.7 所示。

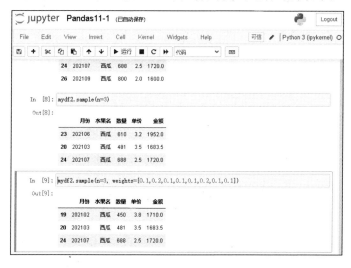

图 11.7　设置每行的权重值的代码运行结果

前面讲解的都是随机抽取行，还可以随机抽取列，实现代码如下。

```
mydf2.sample(n=2,axis=1)
```

单击工具栏中的"运行"按钮，可以看到代码运行结果如图 11.8 所示。

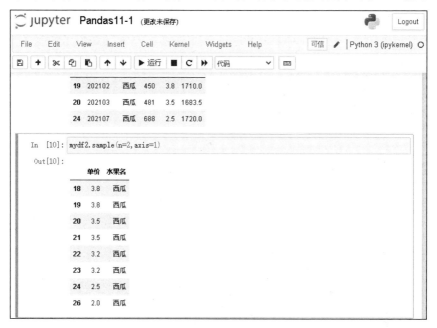

图 11.8　随机抽取列的代码运行结果

11.2　数据统计

前面介绍了数据采集的方法，接下来详细介绍一下数据统计的方法。

11.2.1　数据表描述性统计

数据表描述性统计是指通过计算概括性数据来描述数据特征的各项活动，主要包括数据集中趋势分析和数据离散程度分析。数据集中趋势分析一般采用平均数和中位数表示；数据离散程度分析一般采用方差和标准差表示。

在 Pandas 中，利用 describe()方法可以进行数据表描述性统计，该方法的语法格式如下。

```
DataFrame.describe(percentiles=None,include=None,exclude=None)
```

语法中各参数的意义如下。

（1）percentiles：用来设置百分位数，默认值为[0.25,0.5,0.75]，分别返回第 25、第 50 和第 75 百分位数。可自定义其他值，但这些值要在 0 到 1 之间。

（2）include：用来设置统计所包含的数据类型，默认值为 None，即只统计数字列；如果设置其值为 All，那么所有列都会统计。

（3）exclude：用来设置要排除的数据类型，默认值为 None。

11.2.2　利用 describe()方法进行数据表描述性统计实例

下面通过具体实例讲解如何利用 describe()方法进行数据表描述性统计。

打开 Jupyter Notebook，新建 Python 代码文档，在单元中输入如下代码。

```
import pandas as pd
import numpy as np
data = {  "编号":[100001,100012,100003,100004],
        "日期":pd.date_range('20211218', periods=4),
        "姓名":["赵佳","张可","周远","徐南"],
        "性别":['女','男','女','男'],
        "年龄":[25,28,21,30],
        "工资":[5869.32,7256.34,6895.89,7289.72]
        }
mydf1 = pd.DataFrame(data)
display(mydf1)
```

单击工具栏中的"运行"按钮，显示 DataFrame 数据表数据信息如图 11.9 所示。

利用 describe()方法对 DataFrame 数据表描述性统计的实现代码如下。

```
mydf1.describe()
```

单击工具栏中的"运行"按钮，可以看到代码运行结果如图 11.10 所示。

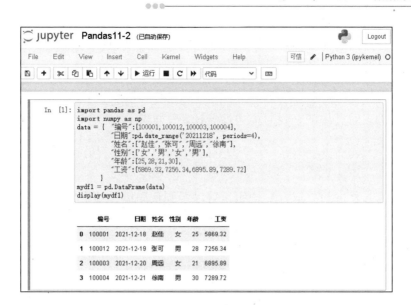

图 11.9　DataFrame 数据表数据信息

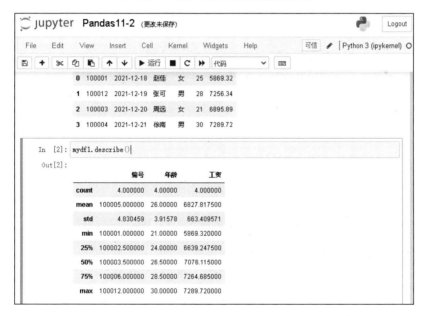

图 11.10　利用 describe()方法对 DataFrame 数据表描述性统计的代码运行结果

数据表描述性统计默认包括 8 种，分别是计数 count、平均值 mean、标准差 std、最小值 min、25%（第 25 百分位数）、50%（第 50 百分位数）、75%（第 75 百分位数）、最大值 max。

其中，50%就是中位数，利用中位数把数据分成两部分，25%是前半部分的中位数，75%是后半部分的中位数。

提醒： 中位数和标准差本章后面会作详细讲解，这里不再多说。

还可以查看具体某一列的描述性统计，假如显示"工资"列的描述性统计，实现代码如下。

```
mydf1['工资'].describe()
```

单击工具栏中的"运行"按钮，可以看到代码运行结果如图 11.11 所示。

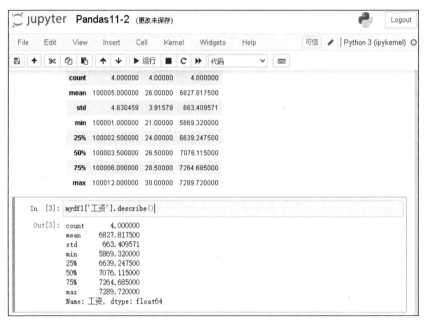

图 11.11　显示"工资"列的描述性统计的代码运行结果

自定义百分位数的实现代码如下。

```
mydf1.describe(percentiles=[0.125,0.25,0.5,0.75,0.875])
```

单击工具栏中的"运行"按钮，可以看到代码运行结果如图 11.12 所示。

自定义包含浮点型的实现代码如下。

```
import numpy as np
mydf1.describe(include=[np.float64])
```

单击工具栏中的"运行"按钮，可以看到代码运行结果如图 11.13 所示。

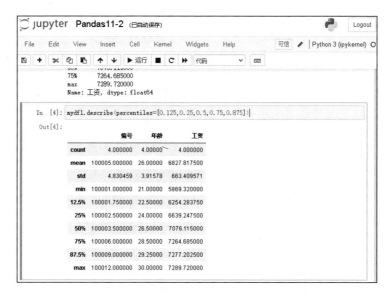

图 11.12　自定义百分位数的代码运行结果

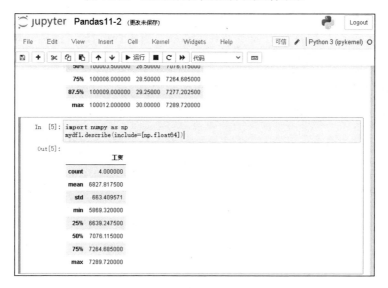

图 11.13　自定义包含浮点型的代码运行结果

自定义包含 object 类型的实现代码如下。

```
import numpy as np
mydf1.describe(include="O")
```

单击工具栏中的"运行"按钮，可以看到代码运行结果如图 11.14 所示。

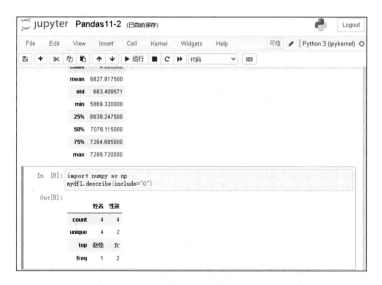

图 11.14　自定义包含 object 类型的代码运行结果

需要注意，object 类型数据的描述性统计包括 4 种，分别是计数 count、无重复计数 unique、出现次数最多的数据 top，以及 freq 统计上述的数据 top 出现的次数。

显示所有字段的描述性统计的实现代码如下。

```
mydf1.describe(include='all')
```

单击工具栏中的"运行"按钮，可以看到代码运行结果如图 11.15 所示。

图 11.15　显示所有字段的描述性统计的代码运行结果

所有字段的描述性统计包括 13 个，只有 first（第一行记录）和 last（最后一行记录）没有讲过，其他都讲过，这里不再重复介绍。

不包括 object 类型的描述性统计，实现代码如下。

```
import numpy as np
mydf1.describe(exclude=[np.object])
```

单击工具栏中的“运行”按钮，可以看到代码运行结果如图 11.16 所示。

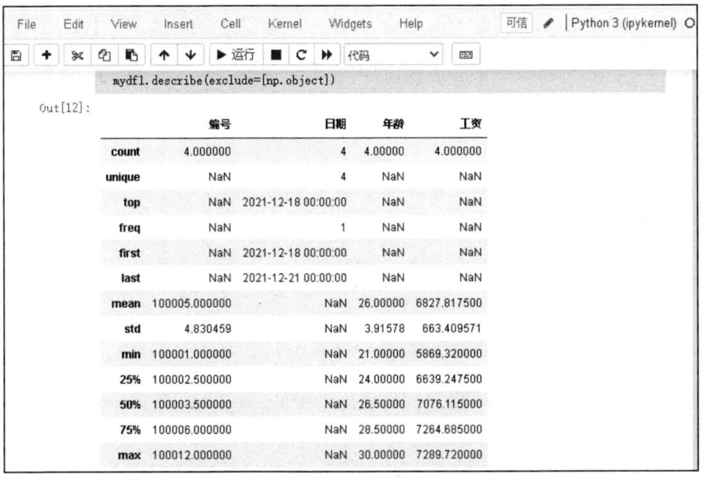

	编号	日期	年龄	工资
count	4.000000	4	4.00000	4.000000
unique	NaN	4	NaN	NaN
top	NaN	2021-12-18 00:00:00	NaN	NaN
freq	NaN	1	NaN	NaN
first	NaN	2021-12-18 00:00:00	NaN	NaN
last	NaN	2021-12-21 00:00:00	NaN	NaN
mean	100005.000000	NaN	26.00000	6827.817500
std	4.830459	NaN	3.91578	663.409571
min	100001.000000	NaN	21.00000	5869.320000
25%	100002.500000	NaN	24.00000	6639.247500
50%	100003.500000	NaN	26.50000	7076.115000
75%	100006.000000	NaN	28.50000	7264.685000
max	100012.000000	NaN	30.00000	7289.720000

图 11.16　不包括 object 类型的描述性统计的代码运行结果

11.2.3　中位数的应用

一般地，*n* 个数据按大小顺序排列，处于最中间位置的一个数据（或中间两个数据的平均数）称为这组数据的中位数。例如，数据 2、4、4、5、5、6、7 的中位数是 5。

中位数是通过排序得到的，它不受最大、最小两个极端数值的影响。部分数据的变动对中位数没有影响，当一组数据中的个别数据变动较大时，常用它来描述这组数据的集中趋势。而平均数是通过计算得到的，它会因每一个数据的变化而变化。

提醒： 平均数需要通过全组所有数据来计算，易受数据中极端数值的影响；中位数仅须把数据按顺序排列后即可确定，不易受数据中极端数值的影响。

在 Pandas 中，利用 median()方法可以获取中位数，其语法格式如下。

```
DataFrame.median(axis=None,skipna=None,level=None,numeric_only=None, **kwargs)
```

语法中各参数的意义如下。

（1）axis：用来设置对行或列求中位数。在默认情况下，axis 的值为 1，即对列求中位数；如果想对行求中位数，要设置 axis 的值为 0。

（2）skipna：用来设置是否排除所有空值，默认值为 True，即排除所有空值。

（3）level：如果索引为多索引，可以设置沿着哪个索引进行计算。

（4）numeric_only：如果其值为 True，则计算只包括 int、float 和 boolean 列；如果其值为 False，则所有数据都进行计算。

（5）** kwargs：这是一个可选参数，传递给函数的其他关键字参数。

下面通过实例讲解中位数的应用方法。

打开 Jupyter Notebook，新建 Python 代码文档，在单元中输入如下代码。

```
import pandas as pd
import numpy as np
data = {  "编号":[100001,100012,100003,100004],
        "日期":pd.date_range('20211218', periods=4),
        "姓名":["赵可佳","张可","周可","徐南"],
        "性别":['女','男','女','男'],
        "工龄":[5,8,4,3],
        "工资":[5869.32,7256.34,6895.89,7289.72]
       }
mydf1 = pd.DataFrame(data)
mydf1.set_index(['姓名'],inplace=True)
display(mydf1)
```

单击工具栏中的"运行"按钮，显示 DataFrame 数据表数据信息如图 11.17 所示。

显示数据表中"工龄"列的中位数，实现代码如下。

```
mydf1.工龄.median()
```

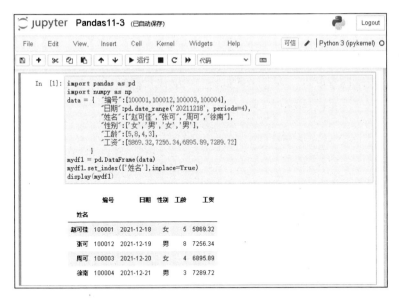

图 11.17　DataFrame 数据表数据信息

单击工具栏中的"运行"按钮，可以看到代码运行结果如图 11.18 所示。

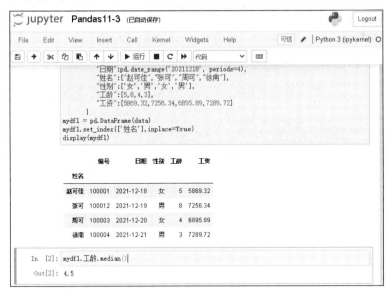

图 11.18　显示"工龄"列的中位数的代码运行结果

注意，"工龄"列数据从小到大的排序是 3、4、5、8，为偶数个，所以中位数是中间两个数的平均数，即（4+5）÷2=4.5。

显示所有数字列的中位数，实现代码如下。

```
mydf1.median(numeric_only=True)
```

单击工具栏中的"运行"按钮，可以看到代码运行结果如图 11.19 所示。

图 11.19　显示所有数字列的中位数的代码运行结果

显示性别为"男"的职工工资的中位数，实现代码如下。

```
mydf1.loc[mydf1['性别']=='男'].工资.median()
```

单击工具栏中的"运行"按钮，可以看到代码运行结果如图 11.20 所示。

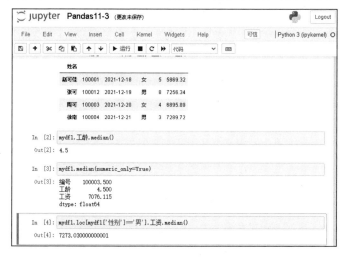

图 11.20　显示性别为"男"的职工工资中位数的代码运行结果

显示职工姓名中含有"可"字的职工工龄的中位数，实现代码如下。

```
mydf1.filter(like ='可',axis=0).工龄.median()
```

单击工具栏中的"运行"按钮，可以看到代码运行结果如图 11.21 所示。

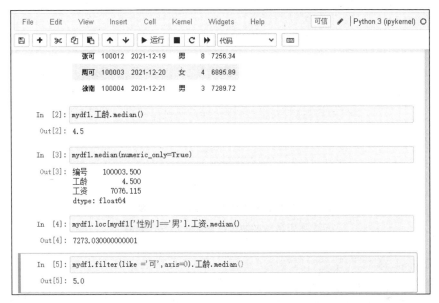

图 11.21　显示职工姓名中含有"可"字的职工工龄的中位数的代码运行结果

同样地，显示职工姓名中最后一个字是"可"字的职工工资的中位数，实现代码如下。

```
mydf1.filter(regex ='可$',axis=0).工资.median()
```

下面把中位数进一步应用到 Pandas 筛选中，筛选出工资大于职工姓名中最后一个字是"可"字的职工工资中位数的职工信息，实现代码如下。

```
mydf1.loc[mydf1['工资']>
          mydf1.filter(regex ='可$',axis=0).工资.median()  ]
```

单击工具栏中的"运行"按钮，可以看到代码运行结果如图 11.22 所示。

同样地，显示工龄小于职工姓名中含有"可"字的职工工龄中位数的职工信息，实现代码如下。

```
myx = mydf1.filter(like ='可',axis=0).工龄.median()
mydf1.query("工龄 < @myx")
```

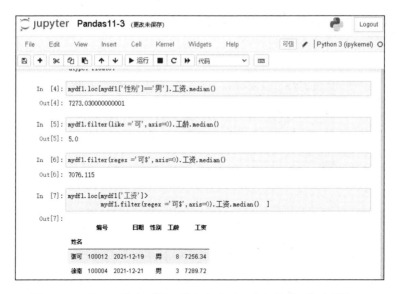

图 11.22 显示工资大于职工姓名中最后一个字是"可"字的职工工资中位数的职工信息的代码运行结果

显示工资大于等于"7000"、工龄小于职工姓名中含有"可"字的职工工龄中位数的职工信息，实现代码如下。

```
myx = mydf1.filter(like ='可',axis=0).工龄.median()
mydf1.query("工龄 < @myx & 工资>=7000 ")
```

显示工资大于职工姓名中最后一个字是"可"字的职工工资的中位数，或工龄小于职工姓名中含有"可"字的职工工龄的中位数的职工信息，实现代码如下。

```
mya = mydf1.filter(regex ='可$',axis=0).工资.median()
myb = mydf1.filter(like ='可',axis=0).工龄.median()
mydf1.query(" 工资> @mya | 工龄 < @myb ")
```

11.2.4 方差的应用

方差是一组数据中各个数据与平均数差的平方的平均数。方差越大，数据的离散程度越大，即数据的稳定性越差。

在 Pandas 中，利用 var()方法可以获取方差，其语法格式如下。

```
DataFrame.var(axis=None, skipna=None, level=None, ddof=1, numeric_
only=None, **kwargs)
```

语法中各参数的意义如下。

（1）axis：用来设置是对行或对列求方差。在默认情况下，axis 的值为 1，即对列求方差；如果想对行求方差，则要设置 axis 的值为 0。

（2）skipna：用来设置是否排除所有空值，默认值为 True，即排除所有空值。

（3）level：如果索引为多索引，可以设置沿着哪个索引进行计算。

（4）ddof：Delta 自由度。计算中使用的除数为 N-ddof，其中 N 表示元素数。

（5）numeric_only：如果其值为 True，计算只包括 int、float 和 boolean 列；如果其值为 False，则所有数据都进行计算。

（6）** kwargs：这是一个可选参数，传递给函数的其他关键字参数。

下面通过实例讲解方差的计算方法。

打开 Jupyter Notebook，新建 Python 代码文档，在单元中输入如下代码。

```
import pandas as pd
mydf1 = pd.read_excel('myexcel1.xls',sheet_name=1)
display(mydf1)
```

单击工具栏中的"运行"按钮，显示 DataFrame 数据表数据信息如图 11.23 所示。

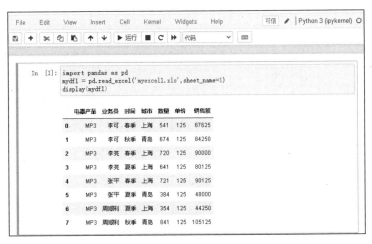

图 11.23　DataFrame 数据表数据信息

查看数据表中电器产品销售额的方差，实现代码如下。

```
mydf1.销售额.var()
```

单击工具栏中的"运行"按钮，可以看到代码运行结果如图 11.24 所示。

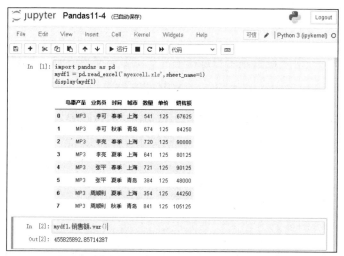

图 11.24 查看电器产品销售额的方差的代码运行结果

显示城市为"上海"数量的方差，实现代码如下。

```
mydf1.loc[mydf1['城市']=='上海'].数量.var()
```

单击工具栏中的"运行"按钮，可以看到代码运行结果如图 11.25 所示。

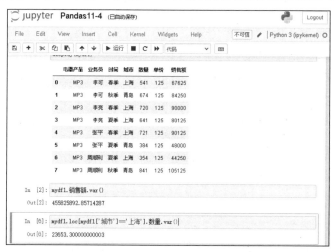

图 11.25 显示"上海"数量的方差的代码运行结果

显示时间不是"夏季","青岛"销售额的方差,实现代码如下。

```
mydf1.loc[(mydf1['时间']!='夏季')&(mydf1['城市']=='青岛')].销售额.var()
```

单击工具栏中的"运行"按钮,可以看到代码运行结果如图 11.26 所示。

图 11.26　显示时间不是"夏季","青岛"销售额的方差的代码运行结果

11.2.5　标准差的应用

标准差是方差的算术平方根,标准差越大,说明数据离散程度越大,即数据的稳定性越差。标准差和方差都是衡量数据离散趋势最重要、最常用的指标。标准差与方差不同之处在于,标准差和变量的计算单位相同,比方差清楚,因此当我们分析数据时,更多使用的是标准差。

在 Pandas 中,利用 std()方法可以获取标准差,其语法格式如下。

```
DataFrame.std(axis=None, skipna=None, level=None, ddof=1, numeric_only=None, **kwargs)
```

语法中各参数意义与方差相同,这里不再详述。

下面通过实例讲解标准差的计算方法。

打开 Jupyter Notebook，新建 Python 代码文档，在单元中输入如下代码。

```
import pandas  as pd
mydf1 = pd.read_csv('myc1.csv')
display(mydf1)
```

单击工具栏中的"运行"按钮，显示 DataFrame 数据表数据信息如图 11.27 所示。

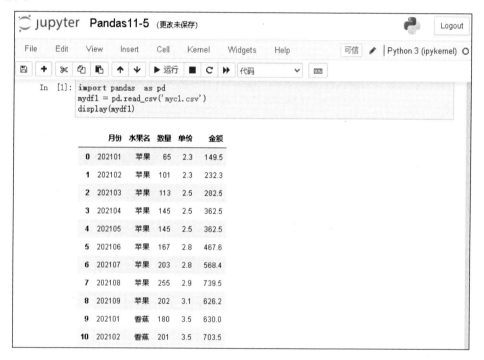

图 11.27 DataFrame 数据表数据信息

查看数据表中所有水果数量的标准差，实现代码如下。

```
mydf1.数量.std()
```

单击工具栏中的"运行"按钮，可以看到代码运行结果如图 11.28 所示。

显示数量小于所有水果数量标准差的水果数据信息，实现代码如下。

```
mydf1.loc[mydf1['数量']<mydf1.数量.std()]
```

单击工具栏中的"运行"按钮，可以看到代码运行结果如图 11.29 所示。

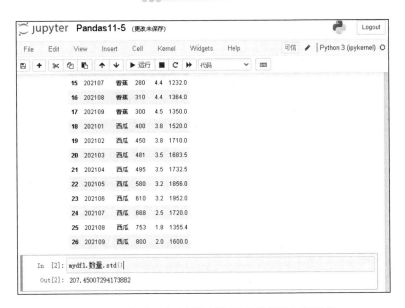

图 11.28　查看所有水果数量标准差的代码运行结果

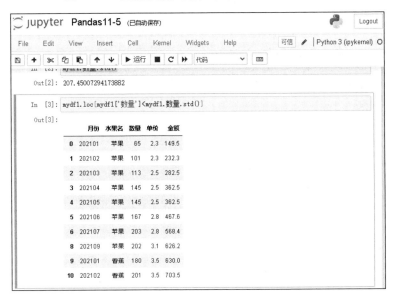

图 11.29　显示数量小于所有水果数量标准差的水果数据信息的代码运行结果

查看水果名为"香蕉"数量的标准差，实现代码如下。

```
mydf1.loc[mydf1['水果名']=='香蕉'].数量.std()
```

单击工具栏中的"运行"按钮，可以看到代码运行结果如图 11.30 所示。

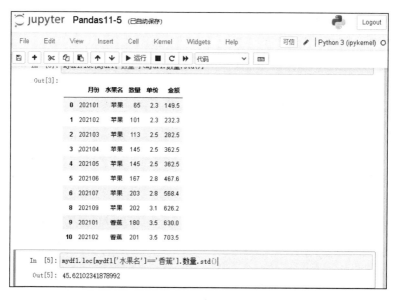

图 11.30　查看水果名为"香蕉"的数量标准差的代码运行结果

同时显示所有水果的数量、单价和金额的标准差，实现代码如下。

```
mydf1.std(numeric_only=True)
```

单击工具栏中的"运行"按钮，可以看到代码运行结果如图 11.31 所示。

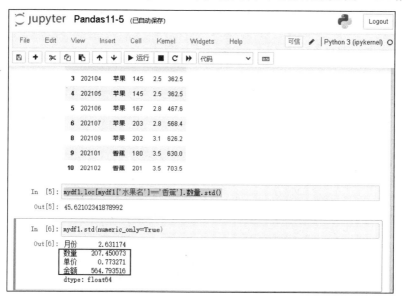

图 11.31　显示所有水果的数量、单价和金额标准差的代码运行结果

11.3　数据相关性分析

数据相关性分析就是研究 DataFrame 数据表的协方差及相关系数，下面进行具体讲解。

11.3.1　协方差的应用

协方差可以简单地理解为判断两个变量在变化过程中是同向变化还是反向变化，同向或反向变化的程度如何。如果一个变量变大，则另一个变量也变大，说明两个变量同向变化，这时协方差为正数；如果一个变量变大，则另一个变量变小，说明两个变量反向变化，这时协方差为负数。从数值来讲，协方差的数值越大，两个变量同向或反向程度越大；协方差的数值越小，两个变量同向或反向程度也就越小。

在 Pandas 中，利用 cov()方法计算协方差，其语法格式如下。

```
DataFrame.cov(min_periods=None)
```

需要注意，利用 cov()方法计算协方差不包括空值。利用可选参数 min_periods 可以设置每列所需的最小观察数，以获得有效结果。

下面通过实例讲解协方差的计算方法。

打开 Jupyter Notebook，新建 Python 代码文档，在单元中输入如下代码。

```
import pandas as pd
mydf1 = pd.read_excel('myexcel1.xls',sheet_name=1)
display(mydf1)
```

单击工具栏中的"运行"按钮，显示 DataFrame 数据表数据信息如图 11.32 所示。

下面利用 cov()方法计算"数量"列与"销售额"列的协方差，实现代码如下。

```
mydf1['数量'].cov(mydf1['销售额'])
```

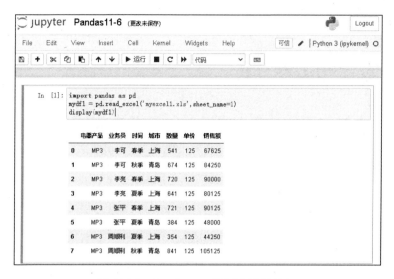

图 11.32　DataFrame 数据表数据信息

单击工具栏中的"运行"按钮，可以看到代码运行结果如图 11.33 所示。

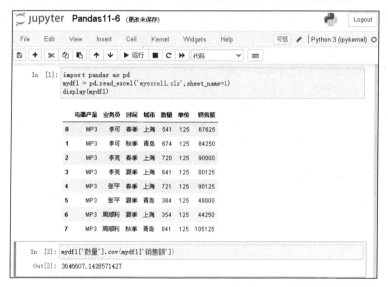

图 11.33　计算"数量"列与"销售额"列的协方差的代码运行结果

在这里可以看到"数量"列与"销售额"列的协方差是正数，并且值很大，这表明这两列是同向变化的，并且同向程度很大。

下面利用 cov()方法计算"单价"列与"销售额"列的协方差，实现代码如下。

```
mydf1['单价'].cov(mydf1['销售额'])
```

单击工具栏中的"运行"按钮，可以看到代码运行结果如图 11.34 所示。

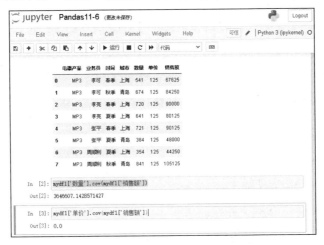

图 11.34　计算"单价"列与"销售额"列的协方差的代码运行结果

在这里可以看到"单价"列与"销售额"列的协方差为 0，即两列不相关。

计算数据表中所有字段间的协方差，实现代码如下。

```
mydf1.cov()
```

单击工具栏中的"运行"按钮，可以看到代码运行结果如图 11.35 所示。

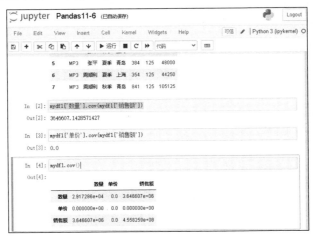

图 11.35　计算数据表中所有字段间的协方差的代码运行结果

11.3.2　协方差相关系数的应用

当协方差相关系数为 1 时，表示两个变量完全正相关；当协方差相关系数为-1 时，表示两个变量完全负相关；当协方差相关系数为 0 时，表示两个变量不相关。协方差相关系数的绝对值越大，相关度越强，协方差相关系数越接近 1 或-1，相关度越强，协方差相关系数越接近 0，相关度越弱。

一般情况下，协方差相关系数的绝对值与变量的相关度的关系如下。

（1）0.8～1：表示极强相关。

（2）0.6～0.8：表示强相关。

（3）0.4～0.6：表示中等程度相关。

（4）0.2～0.4：表示弱相关。

（5）0～0.2：表示极弱相关或不相关。

在 Pandas 中，利用 corr()方法计算协方差相关系数，其语法格式如下。

```
DataFrame.corr(method='pearson', min_periods=1)
```

语法中各参数的意义如下。

（1）method：用来设置相关系数类型，有 3 种相关系数类型，分别是 pearson（标准相关系数）、kendall（肯德尔陶相关系数）、spearman（斯皮尔曼等级相关系数）。

（2）min_periods：用来设置样本最少的数据量。

下面通过实例讲解协方差相关系数的应用方法。

打开 Jupyter Notebook，新建 Python 代码文档，在单元中输入如下代码。

```
import pandas as pd
import numpy as np
data = {  "编号":[100001,100012,100003,100004],
        "日期":pd.date_range('20211218', periods=4),
        "姓名":["赵佳","张可","周远","徐南"],
        "性别":['女','男','女','男'],
```

```
        "年龄":[25,28,21,30],
        "工资":[5869.32,7256.34,6895.89,7289.72]
    }
mydf1 = pd.DataFrame(data)
display(mydf1)
```

单击工具栏中的"运行"按钮，显示 DataFrame 数据表数据信息如图 11.36 所示。

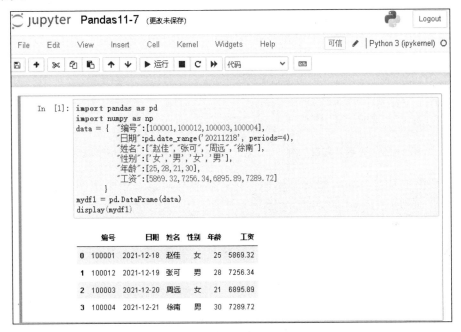

图 11.36　DataFrame 数据表数据信息

下面来看一下数据表中"年龄"列与"工资"列的协方差相关系数，实现代码如下。

```
mydf1['年龄'].corr(mydf1['工资'])
```

单击工具栏中的"运行"按钮，可以看到代码运行结果如图 11.37 所示。

在这里可以看到"年龄"列与"工资"列的协方差相关系数为 0.426365 0711406848，所以是中等程度相关的。

下面再来看"编号"列与"工资"列的协方差相关系数，实现代码如下。

```
mydf1['编号'].corr(mydf1['工资'])
```

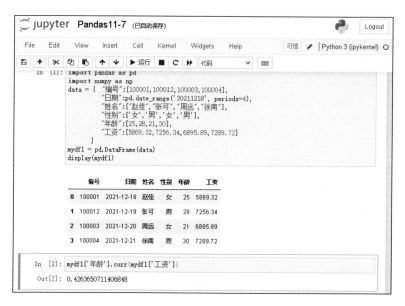

图 11.37　查看"年龄"列与"工资"列的协方差相关系数的代码运行结果

单击工具栏中的"运行"按钮，可以看到代码运行结果如图 11.38 所示。

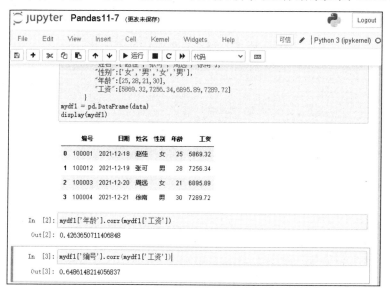

图 11.38　查看"编号"列与"工资"列的协方差相关系数的代码运行结果

在这里可以看到"编号"列与"工资"列的协方差相关系数为
0.6486148214056837，所以是强相关的。

查看在 pearson 方式下，数字列之间的协方差相关系数，实现代码如下。

```
mydf1.corr(method='pearson')
```

单击工具栏中的"运行"按钮，可以看到代码运行结果如图 11.39 所示。

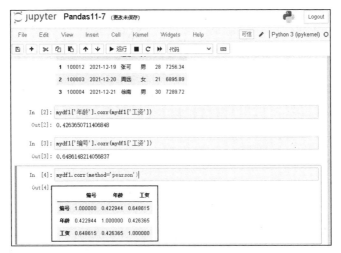

图 11.39　查看在 pearson 方式下，数字列之间的协方差相关系数的代码运行结果

查看在 kendall 方式下，数字列之间的协方差相关系数，实现代码如下。

```
mydf1.corr(method='kendall')
```

单击工具栏中的"运行"按钮，可以看到代码运行结果如图 11.40 所示。

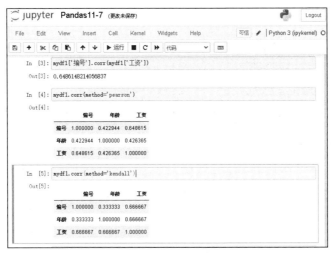

图 11.40　查看在 kendall 方式下，数字列之间的协方差相关系数的代码运行结果

在 kendall 方式下，所有相同列的相关系数值都为 1，即极强相关。"编号"列与"年龄"列的协方差相关系数值为 0.333333，表示两列为弱相关的。"编号"列与"工资"列的协方差相关系数值为 0.666667，表示两列为强相关的。"年龄"列与"工资"列的协方差相关系数值为 0.666667，表示两列为强相关的。

查看在 spearman 方式下，数字列之间的协方差相关系数，实现代码如下。

```
mydf1.corr(method='spearman')
```

单击工具栏中的"运行"按钮，可以看到代码运行结果如图 11.41 所示。

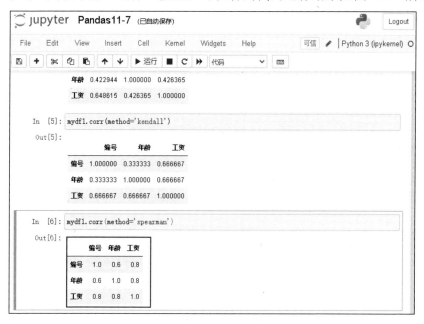

图 11.41　查看在 spearman 方式下，数字列之间的协方差相关系数的代码运行结果

在 spearman 方式下，所有相同列的相关系数值都为 1，即极强相关。"编号"列与"年龄"列的协方差相关系数值为 0.6，表示两列为强相关的。"编号"列与"工资"列的协方差相关系数值为 0.8，表示两列为极强相关的。"年龄"列与"工资"列的协方差相关系数值为 0.8，表示两列为极强相关的。

第 12 章

12

Pandas 数据的可视化

　　Pandas 数据的可视化主要有两种方法，一种是利用 Pandas 中自带的 plot()
方法，另一种是利用 Matplotlib 包。

　　本章主要内容包括：

✓　plot()方法及参数。

✓　绘制折线图实例。

✓　绘制条形图实例。

✓　利用 plot()方法绘制其他类型图形实例。

✓　figure()方法的应用实例。

✓　plot()方法的应用实例。

✓　subplot()方法的应用实例。

✓　add_axes()方法的应用实例。

✓　legend()方法的应用实例。

✓　设置线条的宽度和颜色实例。

✓　添加坐标轴网格线实例。

12.1　利用Pandas中的plot()方法绘图

在 Pandas 中，可以利用 plot()方法绘制图形，从而实现 Pandas 数据的可视化，下面进行详细讲解。

12.1.1　plot()方法及参数

plot()方法的语法格式如下。

```
DataFrame.plot(x=None,y=None, kind="line", ax=None, subplots=False,
sharex=None,sharey=False,layout=None,figsize=None,use_index=True,
title=None, grid=None, legend=True,style=None, logx=False, logy=False,
loglog=False, xticks=None, yticks=None, xlim=None, ylim=None, rot=None,
gridsize=None,sort_columns=False, **kwargs)
```

语法中各参数的意义如下。

（1）x：用来设置所绘制图形的 x 轴数据。

（2）y：用来设置所绘制图形的 y 轴数据。

（3）kind：用来设置所绘制图形的样式，默认为：line（折线图）、bar（垂直条形图）、barh（横向柱状图，即横向条形图）、hist（直方图）、box（箱形图）、kde（核密度估计图）、density（同 kde）、area（面积图）、pie（饼图）、scatter（散点图）、hexbin（六边形箱体图，即六边形图）。

（4）ax：用来设置所绘制图形的子图，即要在其上进行绘制的 Matplotlib subplot 对象。

（5）subplots：判断所绘制的图形中是否有子图。

（6）sharex：如果有子图，可以用该参数设置子图的 x 轴刻度和标签。

（7）sharey：如果有子图，可以用该参数设置子图的 y 轴刻度和标签。

（8）layout：如果有子图，可以用该参数设置子图的行列布局。

（9）figsize：用来设置所绘图形的尺寸大小。

（10）use_index：在默认情况下，使用索引绘制 x 轴。

（11）title：用来设置所绘制图形的标题。

（12）grid：用来设置所绘制图形是否有网格线。

（13）legend：用来设置所绘制图形的图例，默认值为 True，即为绘制图形添加一个图例。

（14）style：对每列折线图设置线的类型。

（15）logx：将绘制图形的 x 轴刻度取对数。

（16）logy：将绘制图形的 y 轴刻度取对数。

（17）loglog：同时将绘制图形的 x 和 y 轴刻度取对数。

（18）xticks：设置绘制图形的 x 轴刻度值为序列形式，如列表序列。

（19）yticks：设置绘制图形的 y 轴刻度值为序列形式，如列表序列。

（20）xlim：设置绘制图形的 x 坐标轴的范围为列表或元组形式。

（21）ylim：设置绘制图形的 y 坐标轴的范围为列表或元组形式。

（22）rot：设置绘制图形的轴标签（轴刻度）的显示旋转度数。

（23）gridsize：设置绘制图形点的大小。

（24）sort_columns：按照字母表顺序绘制各列。

（25）** kwargs：这是一个可选参数，传递给方法的其他关键字参数。

12.1.2　绘制折线图实例

下面通过具体实例讲解如何利用 plot() 方法绘制折线图。

打开 Jupyter Notebook，新建 Python 代码文档，在单元中输入如下代码。

```
import pandas  as pd
mydf1 = pd.read_csv('myc1.csv')
mydf1.columns = ['月份','水果名','num','price','money']
display(mydf1)
```

在这里先导入 myc1.csv 数据文件，然后修改表头名，因为在 plot()方法中显示中文会出现报错。

单击工具栏中的"运行"按钮，显示 DataFrame 数据表数据信息如图 12.1 所示。

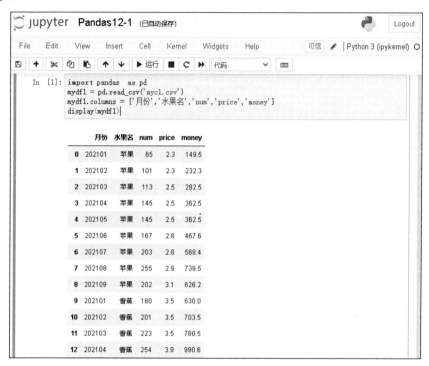

图 12.1 DataFrame 数据表数据信息

下面利用 plot()方法绘制水果数量的折线图，x 轴采用默认形式，即索引列，设置 y 轴为"num"，实现代码如下。

```
mydf1.plot(y='num')
```

单击工具栏中的"运行"按钮，可以看到代码运行结果如图 12.2 所示。

y 轴数据还可以同时设置为多个，如"num""price""money"，实现代码如下。

```
mydf1.plot(y=['num','price','money'])
```

单击工具栏中的"运行"按钮，可以看到代码运行结果如图 12.3 所示。

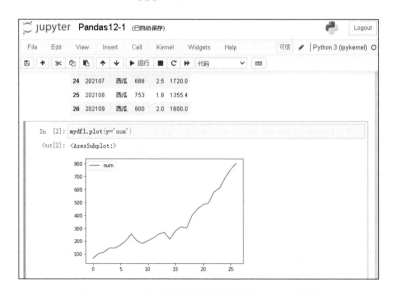

图 12.2　绘制水果数量的折线图的代码运行结果

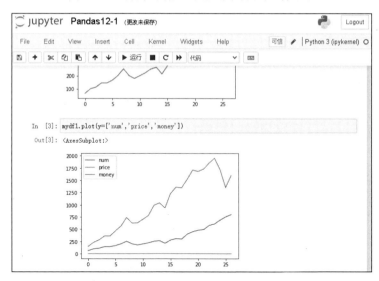

图 12.3　绘制水果"数量"、"价格"和"金额"的折线图的代码运行结果

12.1.3　绘制条形图实例

下面通过具体实例讲解如何利用 plot()方法绘制条形图。

打开 Jupyter Notebook，新建 Python 代码文档，在单元中输入如下代码。

```
import pandas as pd
import numpy as np
data = {   "number":[101,102,103,104],
        "日期":pd.date_range('20211218', periods=4),
        "姓名":["赵可佳","张可","周可","徐南"],
        "性别":['女','男','女','男'],
        "year":[25,38,27,33],
        "pay":[5869.32,7256.34,6895.89,7289.72]
      }
mydf1 = pd.DataFrame(data)
display(mydf1)
```

单击工具栏中的"运行"按钮，显示 DataFrame 数据表数据信息如图 12.4 所示。

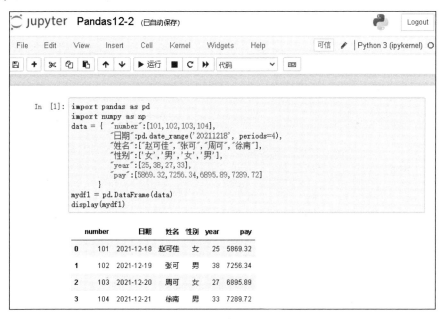

图 12.4 DataFrame 数据表数据信息

下面利用 plot()方法绘制单数据的垂直条形图，设置 *x* 轴数据为"number"，*y* 轴数据为"year"，kind 值为"bar"即垂直条形图，实现代码如下。

```
mydf1.plot(x='number',y='year',kind='bar')
```

单击工具栏中的"运行"按钮，可以看到代码运行结果如图 12.5 所示。

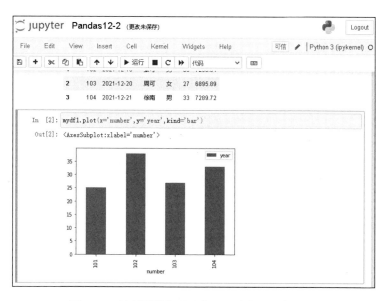

图 12.5　绘制单数据垂直条形图的代码运行结果

在上述代码中，把 kind 值修改为"barh"，就变成单数据的横向条形图，实现代码如下。

```
mydf1.plot(x='number',y='year',kind='barh')
```

单击工具栏中的"运行"按钮，可以看到代码运行结果如图 12.6 所示。

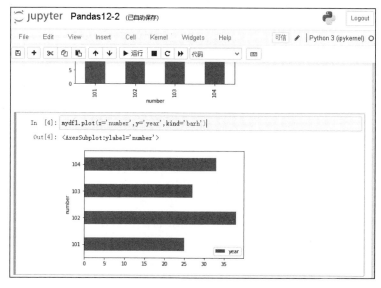

图 12.6　绘制单数据横向条形图的代码运行结果

下面来绘制多数据的垂直条形图，在 y 轴数据为"year"的基础上增加"pay"数据，实现代码如下。

```
mydf1.plot(x='number',y=['year','pay'],kind='bar')
```

单击工具栏中的"运行"按钮，可以看到代码运行结果如图 12.7 所示。

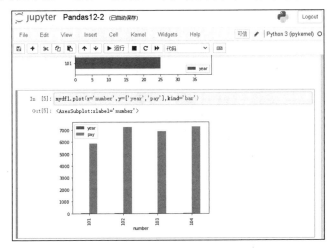

图 12.7　绘制多数据垂直条形图的代码运行结果

下面来绘制多数据的横向条形图，实现代码如下。

```
mydf1.plot(x='number',y=['year','pay'],kind='barh')
```

单击工具栏中的"运行"按钮，可以看到代码运行结果如图 12.8 所示。

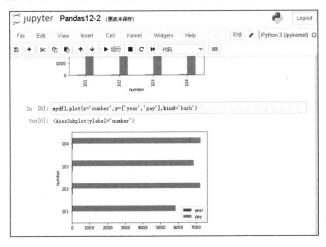

图 12.8　绘制多数据横向条形图的代码运行结果

12.1.4　利用 plot()方法绘制其他类型图形实例

下面通过具体实例讲解如何利用 plot()方法绘制其他类型图形。

打开 Jupyter Notebook，新建 Python 代码文档，在单元中输入如下代码。

```
import pandas  as pd
mydf1 = pd.read_csv('mycl.csv')
mydf1.columns = ['月份','水果名','num','price','money']
mydf1.plot(y='num',kind='hist')
```

单击工具栏中的"运行"按钮，可以看到生成直方图的效果如图 12.9 所示。

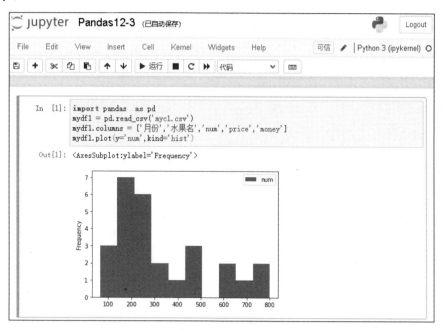

图 12.9　生成直方图的效果

在上述代码中，修改 kind 值为"box"，就可以绘制箱形图，实现代码如下。

```
mydf1.plot(y='num',kind='box')
```

单击工具栏中的"运行"按钮，可以看到代码运行结果如图 12.10 所示。

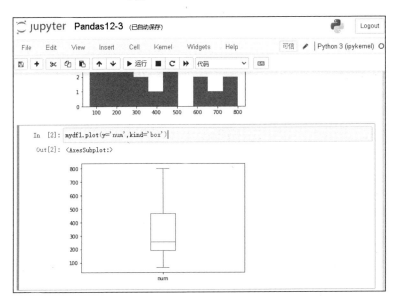

图 12.10　绘制箱形图的代码运行结果

修改 kind 值为"kde"，就可以绘制核密度估计图，实现代码如下。

```
mydf1.plot(y='num',kind='kde')
```

单击工具栏中的"运行"按钮，可以看到代码运行结果如图 12.11 所示。

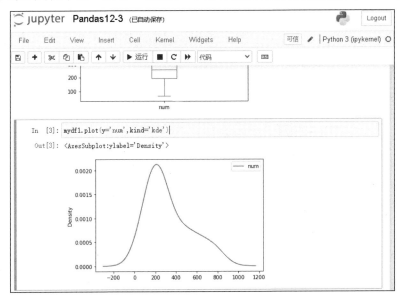

图 12.11　绘制核密度估计图的代码运行结果

修改 kind 值为"area"，就可以绘制面积图，实现代码如下。

```
mydf1.plot(y='num',kind='area')
```

单击工具栏中的"运行"按钮，可以看到代码运行结果如图 12.12 所示。

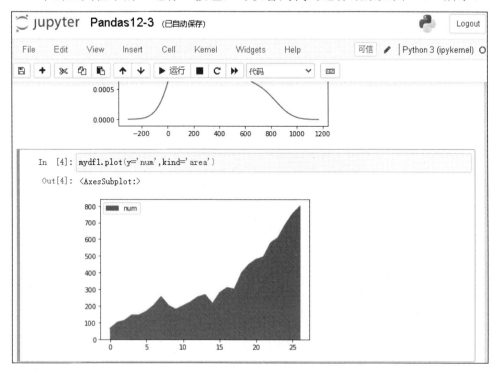

图 12.12　绘制面积图的代码运行结果

修改 kind 值为"pie"，就可以绘制饼图，实现代码如下。

```
mydf2=mydf1.sample(n=6,replace=True)
mydf2.plot(y='num',kind='pie')
```

在上述代码中，利用 sample()方法先随机抽取 6 行数据再绘制饼图。

单击工具栏中的"运行"按钮，可以看到代码运行结果如图 12.13 所示。

下面绘制散点图，在这里设置 x 轴为"num"，y 轴为"money"，kind 值为"scatter"即散点图，实现代码如下。

```
mydf1.plot(x='num',y='money',kind='scatter')
```

单击工具栏中的"运行"按钮，可以看到代码运行结果如图 12.14 所示。

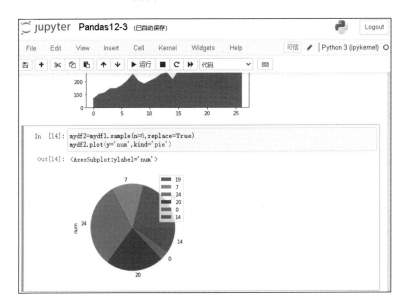

图 12.13　绘制饼图的代码运行结果

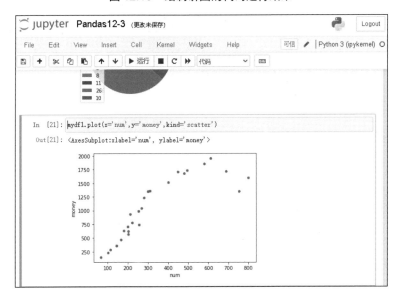

图 12.14　绘制散点图的代码运行结果

下面绘制六边形图，实现代码如下。

```
import numpy as np
import pandas as pd
mydf1 = pd.DataFrame(np.random.randint(1,10,size=(1000,4)),
```

```
                    index=pd.date_range('1/1/2000', periods=1000),
                    columns=list('ABCD'))
mydf1.plot(x='A',y='B',kind='hexbin',gridsize=12)
```

在这里先利用 random 的 randint()方法生成随机数，然后利用随机数绘制六边形图。

单击工具栏中的"运行"按钮，可以看到代码运行结果如图 12.15 所示。

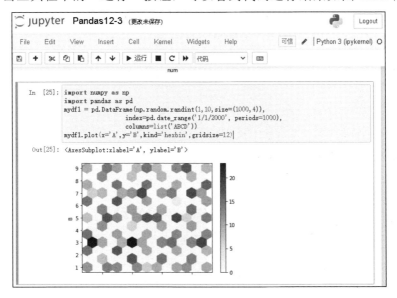

图 12.15　绘制六边形图的代码运行结果

12.2　利用Matplotlib包绘制Pandas数据图形

利用 Pandas 的 plot()方法只可以绘制简单的数据图形，要想绘制更复杂、精度更高的数据图形，需要调用 Matplotlib 包。

Matplotlib 包是一个绘制 2D 和 3D 科学图形的软件包，其优点如下。

（1）容易学习和掌握。

（2）兼容 LaTeX 格式的标题和文档。

（3）可以控制图形中的每个元素，包括图形大小和精度。

（4）可以输出多种格式的高质量图像，包括 PNG、SVG、EPS 和 PGF。

（5）可以生成图形用户界面（GUI），做到交互式地获取图像，以及自动生成图像文件（通常用于批量作业）。

在 Matplotlib 包中有一个重要的对象 pyplot，利用该对象的 figure()方法、plot()方法、subplot()方法、add_axes()方法及 legend()方法可以绘制更加复杂、精度更高的数据图形。下面通过具体实例对各类方法进行讲解。

12.2.1　figure()方法的应用实例

figure()方法可以创建一个图形实例，其语法格式如下。

```
figure(num=None,figsize=None,dpi=None,facecolor=None,edgecolor=None, frameon=True)
```

语法中各参数的意义如下。

（1）num：设置绘图对象的编号或名称，数字为编号，字符串为名称。

（2）figsize：设置绘图对象的宽和高，单位为英寸。

（3）dpi：设置绘图对象的分辨率，即每英寸包含像素的个数，缺省值为80。

（4）facecolor：设置绘图对象的背景颜色。

（5）edgecolor：设置绘图对象的边框颜色。

（6）frameon：设置绘图对象是否显示边框。

下面通过具体实例讲解如何利用 figure()方法绘制图形。

打开 Jupyter Notebook，新建 Python 代码文档，在单元中输入如下代码。

```
import pandas  as pd
mydf1 = pd.read_csv('myc1.csv')
mydf1.columns = ['月份','水果名','num','price','money']
from matplotlib import pyplot as plt
x = mydf1['num']
y = mydf1['money']
plt.figure()
plt.plot(x,y)
plt.show()
```

首先导入数据，修改数据表名称；然后从 Matplotlib 包中导入对象 pyplot，重命名为 plt；接着设置 x 轴坐标为 mydf1['num']，y 轴坐标为 mydf1['money']；最后调用 figure()方法绘制图形对象，在对象中绘制图形，显示绘制对象。

单击工具栏中的"运行"按钮，可以看到默认的绘图对象效果如图 12.16 所示。

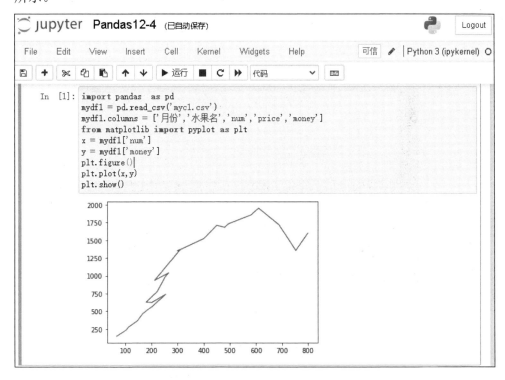

图 12.16　默认的绘图对象效果

还可以利用 figure()方法设置绘图对象的长、宽、分辨率及背景颜色等，具体代码如下。

```
plt.figure(figsize=(12,3),dpi=120,facecolor='red')
```

在这里设置绘图对象长为 12 英寸、宽为 3 英寸、分辨率为 120 像素、背景颜色为红色。

单击工具栏中的"运行"按钮，可以看到含有参数的绘图对象效果如图 12.17 所示。

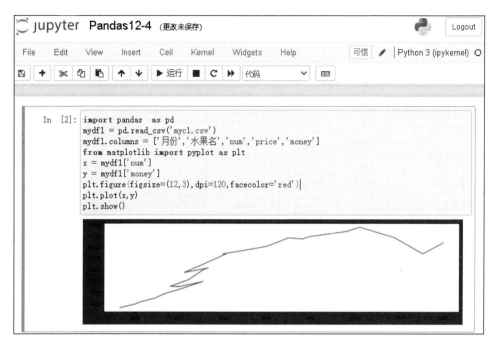

图 12.17　含有参数的绘图对象效果

12.2.2　plot()方法的应用实例

plot()方法用来绘制线条或标记的轴，其语法格式如下。

```
plot(*args, **kwargs)
```

plot()方法的参数是一个可变长度参数，允许多个 *x*、*y* 对及可选格式的字符串。语法中各参数意义如下。

（1）*args：用来设置绘制线条或标记的 *x* 轴和 *y* 轴的变量，如 plot(x,y)。

（2）**kwargs：用来设置绘制线条或标记的样式和颜色，如 plot(x,y,"ob")。

plot()方法中，样式的字符与描述如表 12.1 所示，颜色的字符与描述如表 12.2 所示。

下面通过具体实例讲解利用 plot()方法绘制图形的方法。

打开 Jupyter Notebook，新建 Python 代码文档，在单元中输入如下代码。

表 12.1　样式的字符与描述

字符	描述	字符	描述
'-'	实线样式	'3'	左箭头标记
'--'	短横线样式	'4'	右箭头标记
'-.'	点划线样式	's'	正方形标记
':'	虚线样式	'p'	五边形标记
'.'	点标记	'*'	星形标记
','	像素标记	'h'	六边形标记 1
'o'	圆标记	'H'	六边形标记 2
'v'	倒三角标记	'+'	加号标记
'^'	正三角标记	'x'	X 标记
'<'	左三角标记	'D'	菱形标记
'>'	右三角标记	'd'	窄菱形标记
'1'	下箭头标记	'|'	竖直线标记
'2'	上箭头标记	'_'	水平线标记

表 12.2　颜色的字符与描述

字符	颜色	字符	颜色
'b'	蓝色	'm'	品红色
'g'	绿色	'y'	黄色
'r'	红色	'k'	黑色
'c'	青色	'w'	白色

```python
import pandas  as pd
mydf1 = pd.read_csv('myc1.csv')
mydf1.columns = ['月份','水果名','num','price','money']
from matplotlib import pyplot as plt
x = mydf1['num']
y = mydf1['money']
plt.figure()
plt.plot(x,y,'*r')
plt.show()
```

在这里设置绘制线条的样式为"星形标记"，颜色为"红色"。

单击工具栏中的"运行"按钮，可以看到代码运行结果如图 12.18 所示。

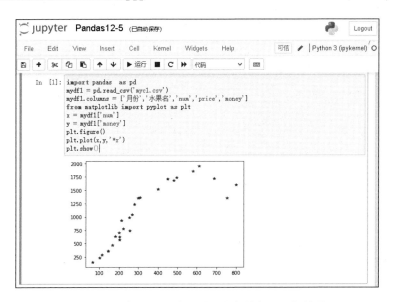

图 12.18　应用 plot()方法绘制线条的代码运行结果

需要注意的是，如果在 plot()方法中只有一个数据项，那么索引项是默认的 *x* 轴坐标。假如显示数据表中"num"的图形，实现代码如下。

```
import pandas as pd
mydf1 = pd.read_csv('myc1.csv')
mydf1.columns = ['月份','水果名','num','price','money']
from matplotlib import pyplot as plt
plt.figure()
plt.plot(mydf1['num'],'.c')
plt.show()
```

在这里设置绘制线条的样式为"点标记"，颜色为"青色"。

单击工具栏中的"运行"按钮，可以看到代码运行结果如图 12.19 所示。

利用 plot()方法还可以同时绘制多个图形，实现代码如下。

```
import pandas as pd
mydf1 = pd.read_csv('myc1.csv')
mydf1.columns = ['月份','水果名','num','price','money']
from matplotlib import pyplot as plt
plt.figure()
plt.plot(mydf1['num'],'.c',mydf1['money'],'+g')
plt.show()
```

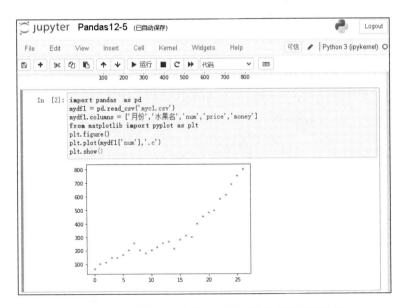

图 12.19　绘制含有一个数据项的图形的代码运行结果

在这里同时绘制两个图形，第一个线条的样式为"点标记"，颜色为"青色"；第二个线条的样式为"加号标记"，颜色为"绿色"。

单击工具栏中的"运行"按钮，可以看到代码运行结果如图 12.20 所示。

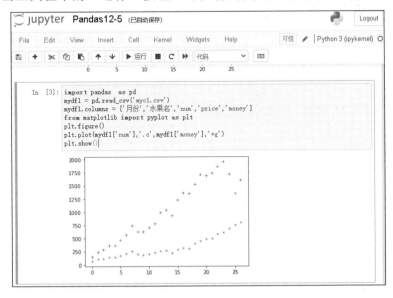

图 12.20　同时绘制多个图形的代码运行结果

12.2.3　subplot()方法的应用实例

利用 subplot()方法可以在同一区域中绘制多个不同的图像，其语法格式如下。

```
subplot(nrows,ncols,plotNum)
```

注意，subplot()可以把绘图区域划分为多个子区域，但每条 subplot 命令只会创建一个子区域。

语法中各参数的意义如下。

（1）nrows：用来设置绘图区域的行数。

（2）ncols：用来设置绘图区域的列数。

（3）plotNum：用来指定绘图区域。

subplot()方法先将整个绘图区域等分为 nrows 行×ncols 列个子区域，然后按照从左到右、从上到下的顺序对每个子区域进行编号，其中左上的子区域的编号为 1。如果 nrows、ncols 和 plotNum 3 个参数值都小于 10 的话，可以把它们缩写为一个整数，例如，subplot(323)和 subplot(3,2,3)是相同的。

subplot()方法在 plotNum 指定的区域中创建一个轴对象。如果新创建的轴和之前创建的轴重叠，则之前的轴将被删除。

下面通过具体实例讲解 subplot()方法的应用。

打开 Jupyter Notebook，新建 Python 代码文档，在单元中输入如下代码。

```python
import numpy as np
import matplotlib.pyplot as plt
# 计算正弦和余弦曲线上的点的 x 轴和 y 轴坐标
x = np.arange(0, 3 * np.pi, 0.1)
y_sin = np.sin(x)
y_cos = np.cos(x)
y_tan = np.tan(x)
# 建立 subplot 网格，一行三列
# 激活第一个 subplot
plt.subplot(1, 3, 1)
```

```
# 绘制第一个图形
plt.plot(x, y_sin,'ob')
plt.title('sin')
# 将第二个 subplot 激活，并绘制第二个图形
plt.subplot(1, 3, 2)
plt.plot(x, y_cos,'*m')
plt.title('cos')
# 将第三个 subplot 激活，并绘制第三个图形
plt.subplot(133)
plt.plot(x, y_tan,':r')
plt.title('tan')
# 展示图像
plt.show()
```

在这里建立 subplot 网格，为一行三列，然后调用 plot()方法同时绘制多个图形。另外，这里还调用 title()方法为图形添加标题。

单击工具栏中的"运行"按钮，可以看到代码运行结果如图 12.21 所示。

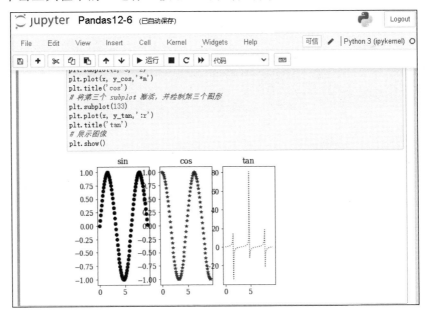

图 12.21　同时绘制多个图形的代码运行结果

下面利用 subplot()方法把"num"和"money"图形放在同一个区域中，实现代码如下。

```
import pandas  as pd
mydf1 = pd.read_csv('myc1.csv')
mydf1.columns = ['月份','水果名','num','price','money']
from matplotlib import pyplot as plt
plt.subplot(2, 1, 1)
# 绘制第一个图形
plt.plot(mydf1['num'],'.c')
plt.title('num')
plt.subplot(2, 1, 2)
plt.plot(mydf1['money'],'^r')
plt.title('money')
plt.show()
```

单击工具栏中的"运行"按钮，可以看到代码运行结果如图 12.22 所示。

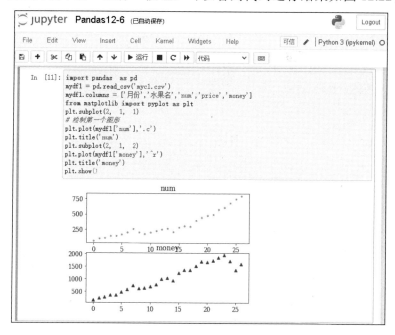

图 12.22　把"num"和"money"图形放在同一个区域中的代码运行结果

12.2.4　add_axes()方法的应用实例

利用 add_axes()方法可以新增子区域，该区域可以设置在绘图区域内的任意位置，且该区域可任意设置大小。add_axes()方法有 4 个参数，分别是 left、bottom、width 和 height。Left 为左侧间距、bottom 为底部间距、width 为宽度、height 为高度。需要注意，这 4 个参数的大小都在 0 到 1 之间。

下面通过具体实例讲解 add_axes()方法的应用。

打开 Jupyter Notebook，新建 Python 代码文档，在单元中输入如下代码。

```
import pandas as pd
mydf1 = pd.read_csv('myc1.csv')
mydf1.columns = ['月份','水果名','num','price','money']
from matplotlib import pyplot as plt
plt.rc('font',family='SimHei',size=13)
#新建 figure
fig = plt.figure()
#新建区域 ax1
#figure 的百分比,从 figure 10%的位置开始绘制, 宽高是 figure 的 80%
left, bottom, width, height = 0.1, 0.1, 0.8, 0.8
# 获得绘制的句柄
ax1 = fig.add_axes([left, bottom, width, height])
ax1.plot(mydf1['num'], 'r')
ax1.set_title('area 区域')
#新增区域 ax2,嵌套在 ax1 内
left, bottom, width, height = 0.2, 0.6, 0.25, 0.25
# 获得绘制的句柄
ax2 = fig.add_axes([left, bottom, width, height])
ax2.plot(mydf1['num'],'b')
ax2.set_title('area 子区域')
plt.show()
```

另外，要显示中文，需要添加如下代码。

```
plt.rc('font',family='SimHei',size=13)
```

单击工具栏中的"运行"按钮，可以看到利用 add_axes()方法新增子区域的效果如图 12.23 所示。

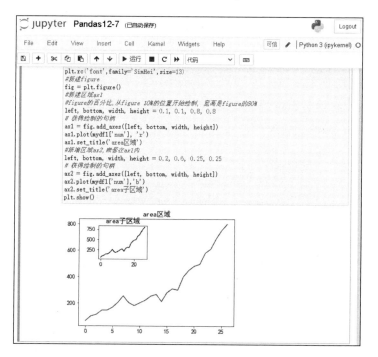

图 12.23　利用 add_axes()方法新增子区域的效果

12.2.5　legend()方法的应用实例

利用 legend()方法可以添加图题，其语法格式如下。

```
legend(*args, **kwargs)
```

语法中的参数是一个可变长度参数，其中最常用、最重要的可选参数是 loc 参数。loc 参数的字符与描述如表 12.3 所示。

表 12.3　loc 参数的字符与描述

字符	描述	字符	描述
0	由 Matplotlib 确定最优位置	6	左中间
1	右上角	7	右中间
2	左上角	8	下中间
3	左下角	9	上中间
4	右下角	10	中间
5	右侧		

下面通过具体实例讲解利用 legend()方法为图形添加图题的方法。

打开 Jupyter Notebook，新建 Python 代码文档，在单元中输入如下代码。

```
import pandas  as pd
mydf1 = pd.read_csv('myc1.csv')
mydf1.columns = ['月份','水果名','num','price','money']
from matplotlib import pyplot as plt
plt.rc('font',family='SimHei',size=13)
fig, ax = plt.subplots()
ax.plot(mydf1['num'], label="mydf1['num']")
ax.plot(mydf1['money'], label="mydf1['money']")
ax.legend(loc=2);  # 左上角
ax.set_xlabel('x轴')
ax.set_ylabel('y轴')
ax.set_title('为两个图形添加图题')
```

单击工具栏中的"运行"按钮，可以看到代码运行结果如图 12.24 所示。

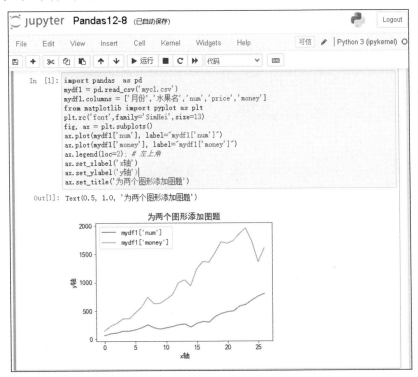

图 12.24　为图形添加图题的代码运行结果

12.2.6 设置线条的宽度和颜色实例

前面讲解了线条的样式和颜色设置，还可以用颜色的英文名称或者 RGB 十六进制码设置 color 属性，从而设置线条的颜色。注意，利用 alpha 属性还可以设置线条的透明度。另外，我们还可以用 linewidth 或者 lw 关键字参数调整线条宽度，线条样式则可以在 linestyle 或者 ls 关键字参数中选择。

下面通过具体实例讲解如何设置线条的宽度和颜色。

打开 Jupyter Notebook，新建 Python 代码文档，在单元中输入如下代码。

```python
import pandas  as pd
mydf1 = pd.read_csv('myc1.csv')
mydf1.columns = ['月份','水果名','num','price','money']
import matplotlib.pyplot as plt
plt.rc('font',family='SimHei',size=13)
x = mydf1['price']
fig, ax = plt.subplots(figsize=(12,6))
ax.plot(x, x+10, color="blue", linewidth=0.25)
ax.plot(x, x+20, color="blue", linewidth=0.50)
ax.plot(x, x+30, color="blue", linewidth=1.00)
ax.plot(x, x+40, color="blue", linewidth=2.00)
# 线条样式选择
ax.plot(x, x+50, color="red", lw=2, linestyle='-',alpha=0.5)  #半
透明红色
ax.plot(x, x+60, color="#1155dd", lw=2, ls='-.')# 浅蓝色的 RGB 十六进
制码
ax.plot(x, x+70, color="#15cc55", lw=2, ls=':') # 浅绿色的 RGB 十六进
制码
# 自定义设置
line, = ax.plot(x, x+80, color="black", lw=1.50)
line.set_dashes([5, 10, 15, 10]) # 格式：线长，间距，……
# 标记符号
ax.plot(x, x+ 90, color="green", lw=2, ls='--', marker='+')
ax.plot(x, x+100, color="green", lw=2, ls='--', marker='o')
ax.plot(x, x+110, color="green", lw=2, ls='--', marker='s')
```

```
ax.plot(x, x+120, color="green", lw=2, ls='--', marker='1')
# 标记大小和颜色
ax.plot(x, x+130, color="purple", lw=1, ls='-', marker='o', markersize=2)
ax.plot(x, x+140, color="purple", lw=1, ls='-', marker='o', markersize=4)
ax.plot(x, x+150, color="purple", lw=1, ls='-', marker='o', markersize= 8,
markerfacecolor="red")
ax.plot(x, x+160, color="purple", lw=1, ls='-', marker='s', markersize=
8,markerfacecolor="yellow",markeredgewidth=2,markeredgecolor="blue")
ax.set_title('设置线条的宽度和颜色')
```

单击工具栏中的"运行"按钮，可以看到设置线条的宽度和颜色的效果如图 12.25 所示。

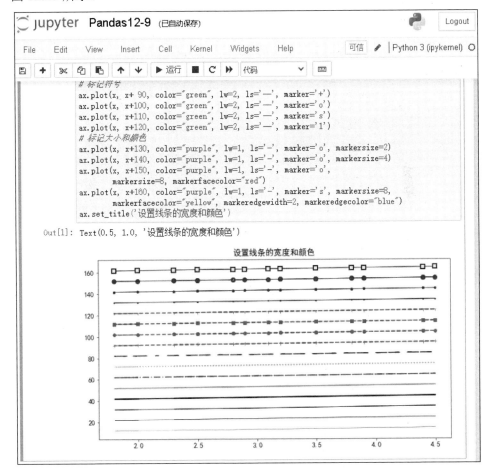

图 12.25　设置线条的宽度和颜色的效果

12.2.7 添加坐标轴网格线实例

用坐标轴对象中的 grid 参数可以增加或删除网格线，也可以用 plot()函数中同样的关键字参数来定制网格线样式。

下面通过具体实例讲解如何添加坐标轴网格线。

打开 Jupyter Notebook，新建 Python 代码文档，在单元中输入如下代码。

```python
import pandas  as pd
mydf1 = pd.read_csv('myc1.csv')
mydf1.columns = ['月份','水果名','num','price','money']
import matplotlib.pyplot as plt
plt.rc('font',family='SimHei',size=13)
fig, axes = plt.subplots(1, 2, figsize=(10,3))
# 默认网格线外观
axes[0].plot(mydf1['num'], lw=2)
axes[0].grid(True)
# 用户定义的网格线外观
axes[1].plot(mydf1['num'],  lw=5)
axes[1].grid(color='r', alpha=0.5, linestyle='dashed', linewidth=0.5)
```

单击工具栏中的"运行"按钮，可以看到添加坐标轴网格线的效果如图 12.26 所示。

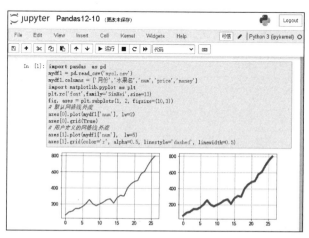

图 12.26 添加坐标轴网格线的效果

第 13 章

Pandas 数据的机器学习算法

机器学习无疑是当前数据分析领域的一个热点方向，而算法是机器学习的核心。本章就来详细讲解 Pandas 数据的机器学习算法。

本章主要内容包括：

- ✓ 机器学习的定义与类型。

- ✓ 常见的机器学习算法。

- ✓ 机器学习的 sklearn 包。

- ✓ 决策树的组成、优点和缺点。

- ✓ 利用 Python 代码实现决策树。

- ✓ 随机森林的构建、优缺点及应用范围。

- ✓ 利用 Python 代码实现随机森林。

- ✓ 支持向量机的工作原理、核函数和支持向量机的优缺点。

- ✓ 利用 Python 代码实现支持向量机。

- ✓ 朴素贝叶斯算法的思想、步骤和优缺点。

- ✓ 利用 Python 代码实现高斯朴素贝叶斯模型。

- ✓ 利用 Python 代码实现多项式分布朴素贝叶斯模型。

- ✓ 利用 Python 代码实现伯努力朴素贝叶斯模型。

13.1　机器学习概述

下面来看一下什么是机器学习及机器学习的类型。

13.1.1　什么是机器学习

机器学习可以这样理解：一个计算机程序要完成某项任务，如果计算机程序获取的关于该任务的经验越多就表现得越好，那么我们就可以说计算机程序"学习"了关于完成该任务的经验。简单来说，机器学习就是向计算机输入的经验越多，计算机的表现就越好。

13.1.2　机器学习的类型

在机器学习领域，主要有 3 类不同的学习方法，分别是监督学习、无监督学习和强化学习。

1. 监督学习

计算机使用预定义的训练数据集合、训练系统，当有新数据输入时可以得出相应结论。计算机一直被训练，直到达到所需的精度水平。

2. 无监督学习

给计算机大量无标签数据，它必须自己检测模式和关系。计算机要用推断功能来描述未分类数据的模式。

3. 强化学习

强化学习其实是一个连续决策的过程，这个过程有点像监督学习，只是标注数据不是预先准备好的，而是通过试错的方式来回调整的，并给出标注数据。

13.2　常见的机器学习算法

常见的机器学习算法有 8 种，具体如下。

1. 线性回归

线性回归是利用回归函数对一个或多个自变量（特征值）和因变量（目标值）之间关系进行建模的一种可视化分析方式。

回归线由 $Y = a \times X + b$ 表示，其中，Y 为因变量，a 为斜率，X 为自变量，b 为截距。

线性回归算法通过减少数据点和回归线间距离的平方差的总和，可以导出系数 a 和 b。

2. Logistic 回归

Logistic 回归是一种分类算法，也称 Logit 回归，即逻辑回归。Logistic 回归用于根据给定的一组自变量来估计离散值，如 0 或 1、真或假、是或否。

3. 决策树

决策树是在已知各种情况发生概率的基础上，通过构成决策树来求取净现值的期望值大于等于零的概率，从而评价项目风险，判断其可行性的决策分析方法，是直观运用概率分析的一种图解法。由于这种决策分支画成图形很像一棵树的枝干，故称决策树。在机器学习中，决策树是一个预测模型，它代表的是对象属性与对象值之间的一种映射关系。下面以相亲图为例形象地介绍决策树的生成过程，如图 13.1 所示。

4. 支持向量机

支持向量机（SVM）算法是 Corinna Cortes 和 Vapnik 等人于 1995 年首先提出的，它在解决小样本、非线性及高维模式识别中表现出许多特有的优势，并能够推广应用到函数拟合等其他机器学习问题中。

为了解释支持向量机算法，可以想象有很多数据，每个数据都是高维空间中的一个点，数据的特征有多少，空间的维数就有多少，相应地，数据的位置就是其对应各特征的坐标值。为了用一个超平面尽可能完美地分类这些数据点，可以用支持向量机算法来找到这个超平面，如图 13.2 所示。

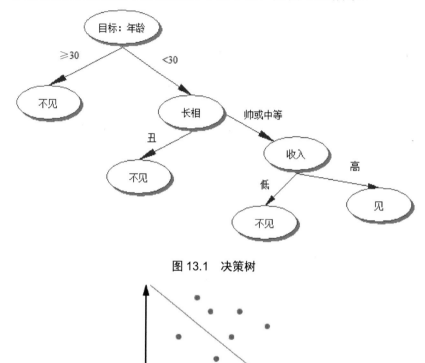

图 13.1 决策树

图 13.2 支持向量机算法超平面

支持向量机算法中所谓"支持向量"指的是那些在间隔区边缘的训练样本点，而"机"则是用于分类的那个最佳决策边界（线/面/超平面）。

5. 朴素贝叶斯

学过概率的人都知道贝叶斯定理，这个在 200 多年前提出的定理在信息领域有着无与伦比的地位。贝叶斯分类是一系列分类算法的总称，这类算法均以贝叶斯定理为基础，故统称为贝叶斯分类。朴素贝叶斯算法是其中应用最为广泛的分类算法之一。

朴素贝叶斯算法所需估计的参数很少，对缺失数据不太敏感，算法也比较简单。理论上，朴素贝叶斯算法与其他分类方法相比具有较小的误差率。

6. K-最近邻居

K-最近邻居（KNN）被广泛用于解决分类问题。该算法主要用来存储所有可用的案例，先通过其 k 个邻居的多数选票来分类新案例，然后将该情况分配给通过距离函数测量的 K-最近邻居中最常见的类。距离函数可以是欧式距离、明可夫斯基距离（LP 距离）或曼哈顿距离等。

7. K 均值聚类

K 均值聚类是一种无监督学习算法，主要逻辑是通过许多聚类对数据集进行分类。

8. 随机森林

在机器学习中，随机森林是一个包含多个决策树的分类器，其输出的类别由个别"树"输出的类别的众数而定，如图 13.3 所示。

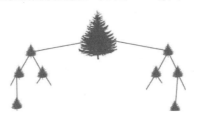

图 13.3　随机森林

随机森林算法所构建的"森林"是决策树的集成，大部分时候都是用 Bagging（Bootstrap aggregating）方法训练的。Bagging 方法采用的是随机有放回的选择训练数据构造分类器，通过组合学习到的模型来增强整体的分类效果。

13.3　机器学习的sklearn包

scikit-learn 自 2007 年发布以来，已经成为 Python 重要的机器学习库。scikit-learn 简称 sklearn，支持分类、回归、降维和聚类四大机器学习算法，还包括特征提取、数据处理和模型评估三大模块。

sklearn 建立在 NumPy 和 Matplotlib 库的基础上，利用这几大模块的优势，可以大大提高机器学习的效率。

13.3.1 sklearn 包中的数据集

sklearn 包包含了大量优质的数据集，在学习机器学习过程中，可以使用这些数据集实现不同的模型，从而提高我们的动手实践能力，同时这个过程也可以加深对理论知识的理解和把握。

sklearn 包中包括多个小数据集，列举其中 4 个小数据集的名称、调用方式、适用算法及数据规模如表 13.1 所示。

表 13.1　小数据集

小数据集名称	调用方式	适用算法	数据规模
波士顿房价数据集	load_boston()	回归	506 ×13
鸢尾花数据集	load_iris()	分类	150 ×4
糖尿病数据集	load_diabetes()	回归	442 ×10
手写数字数据集	load_digits()	分类	5620 ×64

sklearn 包还包括多个大数据集，列举其中 4 个大数据集的名称、调用方式、适用算法及数据规模如表 13.2 所示。

表 13.2　大数据集

大数据集名称	调用方式	适用算法	数据规模
Olivetti 脸部图像数据集	fetch_olivetti_faces()	降维	400 ×64 ×64
20 类新闻文本数据集	fetch_20newsgroups()	分类	—
带标签的人脸数据集	fetch_lfw_people()	分类；降维	—
路透社新闻语料数据集	fetch_rcvl()	分类	801114 ×47236

13.3.2 iris 数据集

本章主要运用的是 iris 数据集，其中文名是鸢尾花数据集，iris 包含 150 个样本，对应数据集的每行数据。每行数据包含每个样本的 4 个特征和样本的类别信息，所以 iris 数据集是一个 150 行 5 列的二维表。

通俗地说，iris 数据集是用来给花做分类的数据集，每个样本包含了花萼长度、花萼宽度、花瓣长度和花瓣宽度 4 个特征（前四列）。我们需要建立一个分类器，通过样本的 4 个特征来判断样本属于山鸢尾、变色鸢尾还是维吉尼亚鸢尾（这 3 个名词都是花的品种）。

iris 数据集的每个样本都包含了品种信息，即目标属性（第 5 列，也称为 target 或 label）。iris 数据集格式如表 13.3 所示。

表 13.3　iris 数据集格式　　　　　　　　　　　　　单位：cm

花萼长度	花萼宽度	花瓣长度	花瓣宽度	品种信息
5.1	3.5	1.4	0.2	setosa
4.9	3.0	1.4	0.2	setosa
4.7	3.2	1.3	0.2	setosa
4.6	3.1	1.5	0.2	setosa
5.0	3.6	1.4	0.2	setosa
5.4	3.9	1.7	0.4	setosa
4.6	3.4	1.4	0.3	setosa
5.0	3.4	1.5	0.2	setosa

13.3.3　查看 iris 数据集实例

下面通过具体实例查看 iris 数据集。

打开 Jupyter Notebook，新建 Python 代码文档，在单元中输入如下代码。

```
import pandas as pd
#导入 iris 数据集
from sklearn.datasets import load_iris
iris = load_iris()
mydf1 = pd.Series(iris)
display(mydf1)
```

单击工具栏中的"运行"按钮，可以看到利用 Series 显示 iris 数据集相关信息如图 13.4 所示。

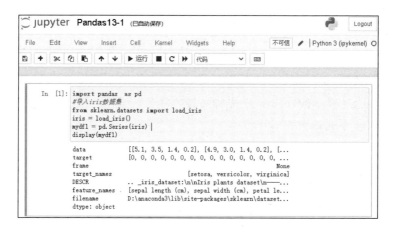

图 13.4　利用 Series 显示 iris 数据集相关信息

在这里可以看到 iris 数据集的 data、target、frame、target_names、DESCR、feature_names、filename 等相关信息。其中，data 是一个嵌套列表，可以通过 DataFrame 数据集来显示，具体实现代码如下。

```
mydf2 = pd.DataFrame(mydf1.data)
display(mydf2)
```

单击工具栏中的"运行"按钮，可以看到 iris 数据集的 data 列表如图 13.5 所示。

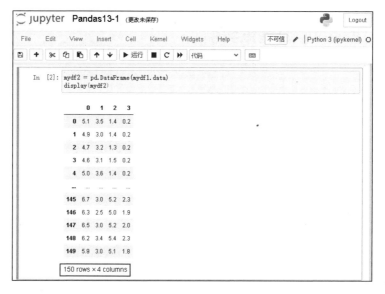

图 13.5　iris 数据集的 data 列表

在这里可以看到 iris 数据集的 data 列表是一个 150 行 4 列的数据表，4 列数据分别是"花萼长度""花萼宽度""花瓣长度""花瓣宽度"。下面修改列表表头的名称，具体实现代码如下。

```
mydf2.columns = ['花萼长度','花萼宽度','花瓣长度','花瓣宽度']
display(mydf2)
```

单击工具栏中的"运行"按钮，可以看到代码运行结果如图 13.6 所示。

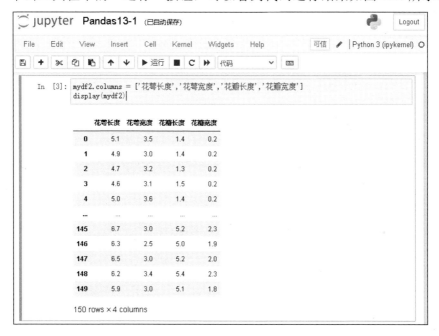

图 13.6　修改列表表头名称的代码运行结果

iris 数据集的 target 列表用来保存目标属性，即属于哪一类花的品种，其中，0 表示山鸢尾，1 表示变色鸢尾，2 表示维吉尼亚鸢尾。下面来显示 iris 数据集的 target 列表中的数据，具体实现代码如下。

```
mydf3 = pd.DataFrame(mydf1.target)
display(mydf3)
```

单击工具栏中的"运行"按钮，可以看到代码运行结果如图 13.7 所示。

将列表表头文字修改为"属种"，具体实现代码如下。

```
mydf3.columns = ['属种']
display(mydf3)
```

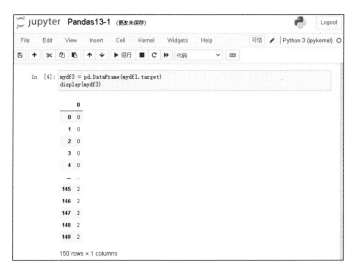

图 13.7　显示 target 列表中数据的代码运行结果

单击工具栏中的"运行"按钮，可以看到代码运行结果如图 13.8 所示。

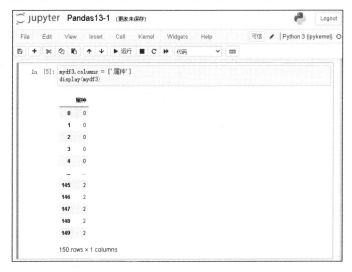

图 13.8　修改 target 列表表头的代码运行结果

下面把 iris 数据集的 target 列表和 data 列表合并成一个 DataFrame 数据表，实现代码如下。

```
mydf4 = pd.concat([mydf2,mydf3],axis = 1)
display(mydf4)
```

单击工具栏中的"运行"按钮，可以看到代码运行结果如图 13.9 所示。

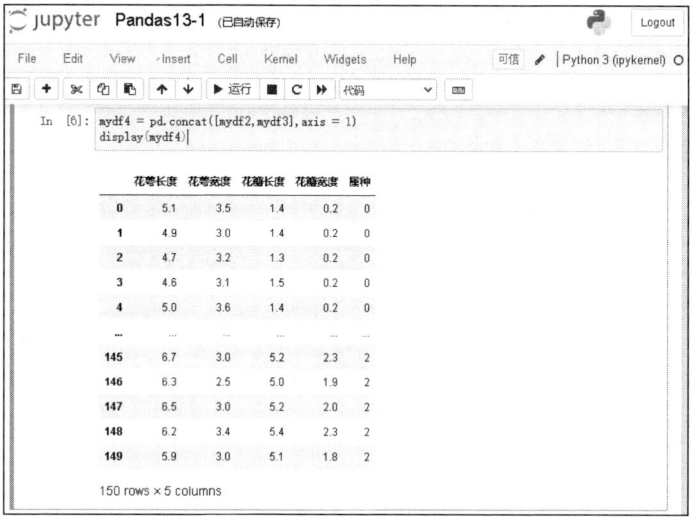

图 13.9　把 target 列表和 data 列表合并成一个 DataFrame 数据表的代码运行结果

iris 数据集的 target_names 代表属种的类型，即山鸢尾、变色鸢尾或维吉尼亚鸢尾，查看 target_names 的代码如下。

```
mydf5 = pd.Series(iris.target_names)
display(mydf5)
```

单击工具栏中的"运行"按钮，可以看到代码运行结果如图 13.10 所示。

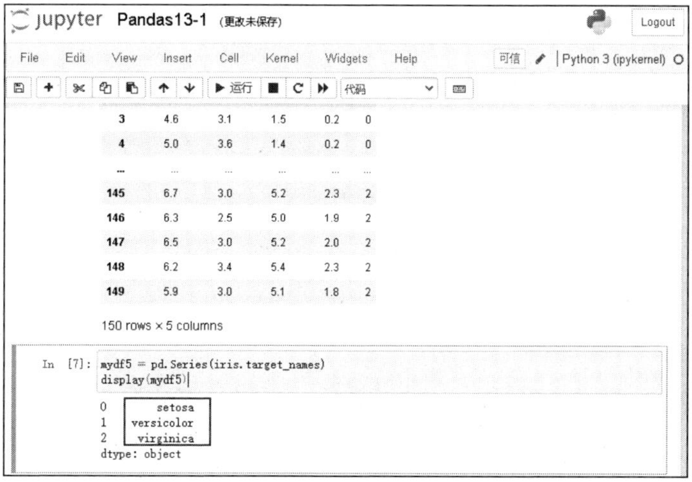

图 13.10　查看 iris 数据集 target_names 的代码运行结果

其中，setosa 表示山鸢尾，versicolor 表示变色鸢尾，virginica 表示维吉尼亚鸢尾。iris 数据集的 feature_names 代表特征名，即花萼长度、花萼宽度、花瓣长度、花瓣宽度，查看 feature_names 的代码如下。

```
mydf6 = pd.Series(iris.feature_names)
display(mydf6)
```

单击工具栏中的"运行"按钮，可以看到代码运行结果如图 13.11 所示。

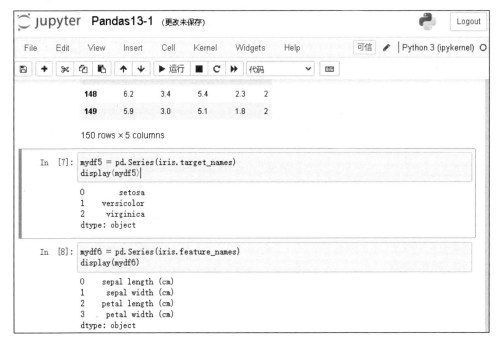

图 13.11　查看 iris 数据集 feature_names 的代码运行结果

其中，sepal length 表示花萼长度，sepal width 表示花萼宽度，petal length 表示花瓣长度，petal width 表示花瓣宽度。

13.4　决策树

决策树是一种非参数的监督学习算法，可以用来做分类判断和回归预测。决策树的基本原理是先通过分析现有数据的特征，得到简单的决策规律，再根据这些决策规律对目标进行判断。

13.4.1　决策树的组成

决策树由 3 部分组成，分别是决策点、状态节点和结果节点，具体介绍如下。

1. 决策点

决策点的作用是对几种可能方案进行选择，最后选择最佳的方案。如果决策属于多级决策，则决策树的中间可以有多个决策点，以决策树根部的决策点为最终决策方案。

2. 状态节点

状态节点又称分叉点，代表备选方案的经济效果（期望值），通过对各状态节点经济效果进行对比，按照一定的决策标准来选出最佳方案。由状态节点引出的分支称为概率枝，概率枝的数目代表可能出现的自然状态数目。每个分枝上都要注明该状态出现的概率。

3. 结果节点

结果节点又称叶节点，将每个方案在各种自然状态下取得的损益值都标注于结果节点的右端。

13.4.2　决策树的优点

决策树的优点包括如下几个方面。

（1）决策树易于理解和实现。在学习决策树过程中，我们不需要了解很多的背景知识就可以明白决策树是什么意思。另外，决策树能够直接体现数据的特点，通过解释说明就能让人们理解决策树所表达的意义。

（2）对于决策树，数据的准备往往是简单的或者不必要的，并且能够同时处理数据型和常规型属性，在较短的时间内能够对大型数据源得出可行且效果良好的结果。

（3）易于通过静态测试对模型进行评测，可以测定模型的可信度。如果给定一个观察的模型，那么根据所生成的决策树很容易推导出相应的逻辑表达式。

13.4.3　决策树的缺点

决策树的缺点包括如下几个方面。

（1）对连续性的字段比较难以预测。

（2）对有时间顺序的数据，需要做很多预处理的工作。

（3）当类别太多时，错误可能会越来越多。

（4）每次只会根据单一特征划分数据，不会根据数据组合切分。

13.4.4　决策树实现实例

下面通过具体实例介绍决策树的实现方法。

打开 Jupyter Notebook，新建 Python 代码文档，在单元中输入如下代码。

```
#导入 iris 数据集和决策树
from sklearn.datasets import load_iris
from sklearn import tree
#load_iris 是 sklearn 的测试数据，在这里用来做决策树算法的数据
iris = load_iris()
#建立最大深度为 5 的决策树，并用测试数据来训练这棵树
clf = tree.DecisionTreeClassifier(max_depth = 5)
clf = clf.fit(iris.data, iris.target)
#假设要预测第 90 个样本的值
sample_idx = 89
#第 90 个样本的各个属性，在这里可以看到有 4 个属性
print("第 90 个样本的各个属性:",iris.data[sample_idx])
prediction = clf.predict(iris.data[sample_idx:sample_idx+1])
print("预测第 90 个样本属于哪一类: ",prediction)
truth = iris.target[sample_idx]
print("实际上第 90 个样本是哪一类: ",truth)
if prediction==truth:
    print("决策树机器算法预测正确！")
```

```
else:
    print("决策树机器算法预测错误！")
```

首先从 sklearn 包中导入 iris 数据集和决策树；然后利用 load_iris()方法获得测试数据；接着建立决策树分类器，并利用测试数据来训练这棵树。

此时要预测第 90 个样本的值。看一下第 90 个样本的各个属性，首先利用决策树预测该样本属于哪一类，然后看一下该样本实际属于哪一类。如果样本的实际属性与预测结果一样，就会显示"决策树机器算法预测正确！"，否则就会显示"决策树机器算法预测错误！"。

单击工具栏中的"运行"按钮，可以看到决策树的实现效果如图 13.12 所示。

图 13.12　决策树的实现效果

在这里可以看到第 90 个样本的值，即花萼长度为 5.5，花萼宽度为 2.5，花瓣长度为 4.0，花瓣宽度为 1.3。预测第 90 个样本属于变色鸢尾。需要注意，0 表示山鸢尾，1 表示变色鸢尾，2 表示维吉尼亚鸢尾。实际上第 90 个样本属于 1，即变色鸢尾，这样就会显示"决策树机器算法预测正确！"。

13.5　随机森林

前面学习了决策树，下面来介绍一下随机森林。

13.5.1　随机森林的构建

随机森林的构建有两种方法，分别是数据的随机选取和决策点的随机选取。

1. 数据的随机选取

（1）从初始的数据集中选取有放回的抽样，构造子数据集，子数据集的数据量是与初始数据集相同的。需要注意的是，不同子数据集的元素可以重复，同一个子数据集中的元素也可以重复。

（2）利用子数据集来构造子决策树，将这个数据集放到每个子决策树中，每个子决策树都会输出一个结果。

（3）如果有了新的数据需要通过随机森林得到分类结果，可以通过对子决策树判断结果的投票得到随机森林的输出结果。

2. 决策点的随机选取

与数据集的随机选取相似，随机森林中子树的每一个分裂过程并未用到所有的决策点，而是从所有的决策点中随机选取一定数量的决策点，再在随机选取的决策点中选取最优的决策点。这样使得随机森林中的决策树彼此不同，提升系统的多样性，从而提升分类性能。

13.5.2　随机森林的优缺点

随机森林的优点主要有以下 3 点。

（1）随机森林可以用于回归和分类任务，并且很容易查看模型输入特征的相对重要性。

（2）随机森林是一种非常方便且易于使用的算法，在默认参数情况下就会产生一个很好的预测结果。

（3）机器学习中的一个重大问题是过拟合，在大多数情况下随机森林分类器不会出现过拟合情况，只要森林中有足够多的树，分类器就不会过度拟合模型。

随机森林的缺点在于，使用大量的树会使算法变得很慢，并且无法做到实时预测。一般来讲，这些算法训练速度很快，预测过程却十分耗时，越准确的预测需要越多的树，这将导致整个模型的运算速度变慢。

13.5.3　随机森林的应用范围

随机森林算法可用于很多不同的领域，如银行、股市、医药和电子商务等。在银行领域，随机森林算法通常用来检测那些比普通人更高频率使用银行服务的客户，同时提醒债务人及时偿还他们的债务。在股市领域，随机森林算法可用于预测股票的未来走势。在医药领域，随机森林算法可用于识别药品成分的正确组合，分析患者的病史以判断疾病。在电子商务领域，随机森林算法可以用来判断客户是否真的喜欢某个商品。

13.5.4　随机森林实现实例

下面通过具体实例介绍随机森林的实现方法。

打开 Jupyter Notebook，新建 Python 代码文档，在单元中输入如下代码。

```
#导入iris数据集
from sklearn.datasets import load_iris
from sklearn.ensemble import RandomForestClassifier #导入随机森林分
类器
#load_iris是sklearn的测试数据，在这用来做随机森林算法的数据
iris = load_iris()
#调用随机森林分类器
clf = RandomForestClassifier()
#训练的代码
clf.fit(iris.data, iris.target)
```

```
#假设要预测第115个样本的值
sample_idx = 114
#第115个样本的各个属性，在这里可以看到有4个属性
print("第115个样本的各个属性:",iris.data[sample_idx])
prediction = clf.predict(iris.data[sample_idx:sample_idx+1])
print("预测第115个样本属于哪一类: ",prediction)
truth = iris.target[sample_idx]
print("实际上第115个样本是哪一类: ",truth)
if prediction==truth :
    print("随机森林机器算法预测正确! ")
else:
    print("随机森林机器算法预测错误! ")
```

单击工具栏中的"运行"按钮，可以看到随机森林的实现效果如图 13.13 所示。

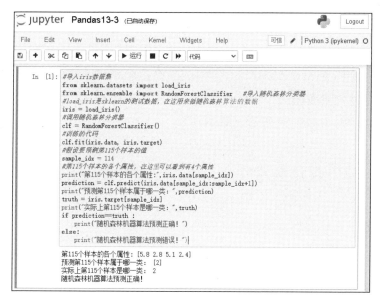

图 13.13 随机森林算法的实现效果

在这里可以看到第 115 个样本的值，即花萼长度为 5.8，花萼宽度为 2.8，花瓣长度为 5.1，花瓣宽度为 2.4。预测第 115 个样本属于维吉尼亚鸢尾。需要注意，0 表示山鸢尾，1 表示变色鸢尾，2 表示维吉尼亚鸢尾。实际上第 115 个样本也属于 2，即维吉尼亚鸢尾，这样就会显示"随机森林机器算法预测正确!"。

13.6　支持向量机

支持向量机是一种监督学习模型，通常用来进行模式识别、分类及回归分析。

13.6.1　支持向量机的工作原理

下面我们通过图形演示如何找出正确的超平面，进而说明支持向量机的工作原理。

第一种情况：图 13.14 中有 3 个超平面，即 A、B 和 C。那么哪个超平面是正确的边界呢？需要记住的是，支持向量机选择的是能分类两种数据的决策边界。很显然，相比 A 和 C，B 可以更好地分类圆和星，所以 B 是正确的超平面。

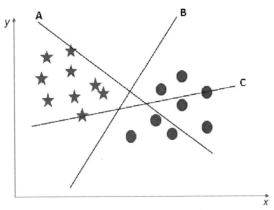

图 13.14　第一种情况的超平面

第二种情况：图 13.15 中同样有 A、B、C 3 个超平面，与第一种情况不同，这次 3 个超平面都很好地完成了分类，那么其中哪个是正确的超平面呢？对此，我们需要修改一下之前的描述：支持向量机选择的是能更好地分类两种数据的决策边界。在这里可以看到，无论是星还是圆，它们到 C 的距离都相对较远，因此这里 C 就是我们要找的正确超平面。

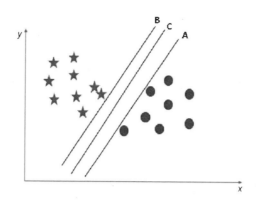

图 13.15　第二种情况的超平面

提醒：之所以要选择边距较远的超平面，是因为这样的超平面容错率更高。如果选择 A 或 B，那么后期继续输入样本，它们发生错误分类的概率会更高。

第三种情况：这里我们先看图 13.16，试着用第二种情况的结论做出选择。也许你会选择 B，因为两类数据的边距较 B 更远。但是其中有个问题，就是 B 没有正确分类，而 A 正确分类了。在支持向量机算法中，正确分类和最大边距究竟那个重要呢？很显然，支持向量机首先考虑的是正确分类，其次才是优化数据到决策边界的距离，所以第三种情况的正确超平面是 A，而不是 B。

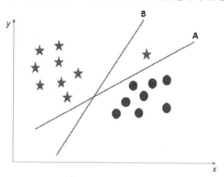

图 13.16　第三种情况的超平面

13.6.2　核函数

前面介绍的都是在原始特征的维度上直接找到一条超平面将数据完美地分成两类的情况，但如果找不到呢？这就要引入核函数。

在图 13.17 中无法找到一条超平面将数据完美地分成两类，这种情况该如何找超平面呢？

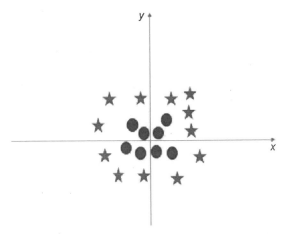

图 13.17　找不到一条超平面将数据完美地分成两类的情况

目前，图 13.17 中只有 x 和 y 两个特征，为了分类，我们可以添加一个新特征 $z = x^2 + y^2$，并绘制数据点在 x 轴和 z 轴上的位置，如图 13.18 所示。

新特征添加后，星和圆在 z 轴上出现了一个清晰的决策边界，它在图 13.18 中表示为一条二维的线，这里有几点需要注意。

（1）z 轴的所有值都是正的，因为它是 x 和 y 的平方和。

（2）图 13.17 中圆点的分布比星更靠近坐标原点，这也是它们在 z 轴上的值比较小的原因。

在支持向量机中，我们通过增加空间维度能很轻易地在两类数据间获得这样的线性超平面，但另一个亟待解决的问题是，像 $z = x^2 + y^2$ 这样的新特征是不是都得由我们手动设计呢？答案是不需要。支持向量机中的 kernel()函数可以把低维输入映射进高维空间，把原本线性不可分的数据变为线性可分，我们称它为核函数。

提醒：核函数主要用于非线性分离问题。简而言之，它会自动执行一些非常复杂的数据转换，根据定义的标签或输出找出分离数据的过程。

当我们把数据点从三维压缩回二维后，这个超平面就成了一个圆，如图 13.19 所示。

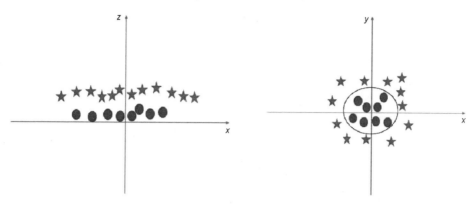

图 13.18　绘制数据点在 x 轴和 z 轴上的位置　　　　图 13.19　超平面变成了一个圆

13.6.3　支持向量机的优点

支持向量机的优点主要有以下 4 点。

（1）支持向量机分类效果好，分类边界清晰。

（2）支持向量机在高维空间中特别有效。

（3）支持向量机在空间维数大于样本数的情况下效果很好。

（4）支持向量机使用的是决策函数中的一个训练点子集（支持向量），所以占用内存小，运算效率高。

13.6.4　支持向量机的缺点

支持向量机的缺点主要有以下 3 点。

（1）如果数据量过大，或者训练时间过长，支持向量机会表现不佳。

（2）如果数据集内有大量噪声，那么支持向量机的效果不好。

（3）因为支持向量机不直接提供概率估计，所以我们要进行多次交叉验证，代价很高。

13.6.5　支持向量机实现实例

下面通过具体实例介绍支持向量机的实现方法。

打开 Jupyter Notebook，新建 Python 代码文档，在单元中输入如下代码。

```
import numpy as np                        #导入 NumPy 函数包并指定导入包的别名
为 np
import matplotlib.pyplot as plt           #导入 matplotlib.pyplot 函数包并
指定导入包的别名为 plt
from sklearn import svm, datasets         #从 sklearn 中导入 svm 包和
datasets 包，其中 svm 包为支持向量机，而 datasets 为数据集包
```

首先定义 3 个变量，分别为 iris、X、y。其中，iris 为 load_iris 测试数据；X 为数据 iris 的前 2 项属性，即花萼长度、花萼宽度；y 为数据 iris 的第 5 项属性，即花的类型，其中 0 表示 setosa，1 表示 versicolor，2 表示 virginica。

```
#load_iris 是 sklearn 的测试数据，在这里用来做支持向量机
iris = datasets.load_iris()
#变量 X 为数据 iris 的前 2 项属性，即花萼长度、花萼宽度
X = iris.data[:, :2]
#变量 y 为数据 iris 的第 5 项属性，即花的类型，其中 0 表示 setosa,1 表示
versicolor,2 表示 virginica
y = iris.target
```

接下来调用支持向量机分类器进行训练，其中 X、y 分别为训练集和训练集的标签，具体代码如下。

```
#调用支持向量机分类器
svc = svm.SVC(C=1,kernel='poly', gamma=1)
#进行支持向量机模型的训练，其中 X、y 分别为训练集和训练集的标签
svc.fit(X, y)
```

支持向量机函数 SVC 的语法格式如下。

```
SVC(C=1, cache_size=200, class_weight=None, coef0=0.0,
    decision_function_shape=None, degree=3, gamma=1, kernel='poly',
    max_iter=-1, probability=False, random_state=None, shrinking=
True, tol=0.001, verbose=False)
```

语法中共有 14 个可选参数，下面介绍几个重要参数的意义。

（1）C：惩罚参数，默认值为 1。C 值越大，对误分类的惩罚越大，趋向于对训练集全分对的情况，这样对训练集测试时准确率很高，但泛化能力弱；C 值越小，对误分类的惩罚越小，允许容错，将它们当成噪声点，泛化能力较强。

（2）kernel：核函数，默认为 rbf（高斯核函数），也可以是 linear（线性核函数）或 poly（多项式核函数）。

（3）gamma：核函数参数。gamma 值越高，模型就会越努力地拟合训练数据集，所以它是导致过拟合的一个重要原因。

接下来定义坐标向量变量，再转化为坐标矩阵，即转化为输出图形的坐标，具体代码如下。

```
#变量 x_min 为数据 iris 的前 1 项属性的最小值减 1
x_min = X[:, 0].min() - 1
#变量 x_max 为数据 iris 的前 1 项属性的最大值加 1
x_max = X[:, 0].max() + 1
#变量 y_min 为数据 iris 的前 2 项属性的最小值减 1
y_min = X[:, 1].min() - 1
#变量 y_max 为数据 iris 的前 2 项属性的最大值加 1
y_max = X[:, 1].max() + 1
h = (x_max / x_min)/100
#从坐标向量返回坐标矩阵
xx, yy = np.meshgrid(np.arange(x_min, x_max, h), np.arange(y_min,
y_max, h))
```

首先利用 subplot()函数在同一图像中绘制不同的图形，并定义变量 Z 为 SVC 的预测结果；然后调用 plt.contourf()函数对等高线间的填充区域进行填充（使用不同的颜色）；最后调用 plt.scatter()函数绘制散点图，具体代码如下。

```
plt.subplot(1, 1, 1)
#变量 Z 为 svc 的预测结果
Z = svc.predict(np.c_[xx.ravel(), yy.ravel()])
Z = Z.reshape(xx.shape)
#调用 plt.contourf 对等高线间的填充区域进行填充（使用不同的颜色）
plt.contourf(xx, yy, Z, cmap=plt.cm.Paired, alpha=0.6)
#调用 plt.scatter 绘制散点图
```

```
plt.scatter(X[:, 0], X[:, 1], c=y, cmap=plt.cm.Paired)
plt.show()
```

单击工具栏中的"运行"按钮，可以看到支持向量机的分类效果如图 13.20 所示。

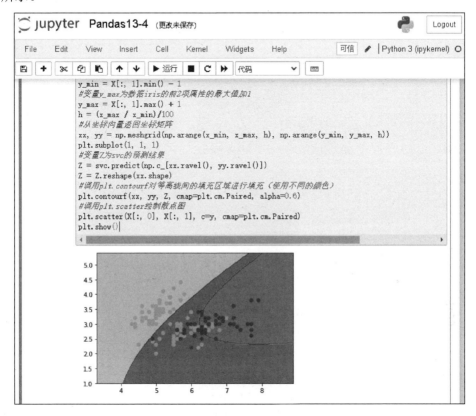

图 13.20　支持向量机的分类效果

在图 13.20 中，支持向量机的核函数为 poly（多项式核函数），下面修改核函数为 linear（线性核函数），具体代码如下。

```
svc = svm.SVC(C=1,kernel='linear', gamma=1)
```

单击工具栏中的"运行"按钮，可以看到代码运行结果如图 13.21 所示。

下面修改核函数为 rbf（高斯核函数），具体代码如下。

```
svc = svm.SVC(C=1,kernel='rbf', gamma=1)
```

单击工具栏中的"运行"按钮，可以看到代码运行结果如图 13.22 所示。

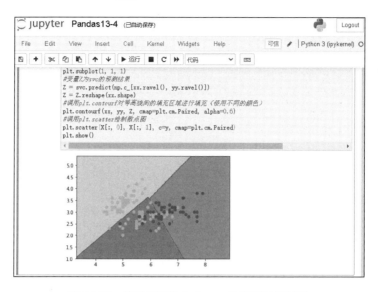

图 13.21　修改核函数为 linear 的代码运行结果

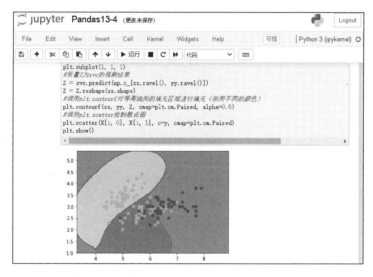

图 13.22　修改核函数为 rbf 的代码运行结果

13.7　朴素贝叶斯算法

在实际生活中，人们常常通过观测现象来推测现象背后的原因。例如，我们看到草地湿了，需要判断是不是下雨导致的；某天股市的交易量大增，需要判断是有新资金入场还是存量资金的介入。朴素贝叶斯算法可以利用历史数据的分布，给出一个最有可能的结果，使人们犯错误的概率最小化。

13.7.1　朴素贝叶斯算法的思想

朴素贝叶斯算法的思想是这样的：如果一个事物在一些属性条件发生的情况下，事物属于 A 的概率大于属于 B 的概率，则判定事物属于 A。

例如，你在商店里看到一个黑人，我让你猜这个黑人来自哪里，你十有八九会猜来自非洲。为什么呢？在你的脑海中，有这么一个判断流程：第一，这个人的肤色是黑色（特征）；第二，黑色人种是非洲人的概率最高（条件概率：黑色条件下是非洲人的概率）；第三，在没有其他辅助信息的情况下，最好的判断就是非洲人。这就是朴素贝叶斯算法的思想基础。

再例如，如果在大街上看到一个黑人讲英语，那你怎么去判断他来自哪里？首先提取特征，肤色为黑色，语言为英语；然后判断黑色人种来自非洲的概率为 80%，来自美国的概率为 20%；接着判断说英语的人来自非洲的概率为 10%，来自美国的概率为 90%。

在我们的思维方式中，就会这样判断。

这个人来自非洲的概率：80%×10% = 0.08。

这个人来自美国的概率：20%×90% =0.18。

你的判断结果就是此人来自美国。

13.7.2　朴素贝叶斯算法的步骤

朴素贝叶斯算法的具体步骤如下。

（1）分解各类先验样本数据的特征。

（2）计算各类数据中各特征的条件概率。例如，在特征 1 出现的情况下，属于 A 类的概率 $p(A|特征 1)$，属于 B 类的概率 $p(B|特征 1)$，属于 C 类的概率 $p(C|特征 1)$……

（3）分解待分类数据中的特征（特征 1、特征 2、特征 3、特征 4……）。

（4）计算各特征的条件概率的乘积如下。

判断为 A 类的概率：$p(A|特征 1) \times p(A|特征 2) \times p(A|特征 3) \times p(A|特征 4)$……

判断为 B 类的概率：$p(B|特征 1) \times p(B|特征 2) \times p(B|特征 3) \times p(B|特征 4)$……

判断为 C 类的概率：$p(C|特征 1) \times p(C|特征 2) \times p(C|特征 3) \times p(C|特征 4)$……

……

（5）结果中的最大值就是该样本所属的类别。

13.7.3　朴素贝叶斯算法的优缺点

朴素贝叶斯算法的优点包括以下 3 方面。

（1）算法简单，有稳定的分类效率。

（2）对小规模的数据表现很好，能处理多分类任务，适合增量式训练，尤其是当数据量超出内存容量时，可以一批批进行增量式训练。

（3）对缺失数据不太敏感。

朴素贝叶斯算法的缺点包括以下两方面。

（1）朴素贝叶斯算法的假设如果与实际情况不符，则会影响模型效果。

（2）输入特征数据的表现形式，比如是连续特征、离散特征还是二元特征，会影响概率计算和模型的分类效果。

13.7.4　高斯朴素贝叶斯模型实现实例

朴素贝叶斯算法有 3 种模型，分别是高斯朴素贝叶斯模型、多项式分布朴素贝叶斯模型和伯努力朴素贝叶斯模型。下面先来讲解高斯朴素贝叶斯模型。

有些特征可能是连续型变量，如人的身高、物体的长度，这些特征可以转换成离散型的值。假如人的身高在 160cm 以下，特征值为 1；在 160～170cm，特征值为 2；在 170cm 以上，特征值为 3。也可以这样转换，将身高转换为 3

个特征，分别是 f1、f2、f3，如果人的身高在 160cm 以下，这 3 个特征的值分别是 1、0、0；若身高在 170cm 以上，这 3 个特征的值分别是 0、0、1。不过这些方式都不够细腻，高斯朴素贝叶斯模型可以解决这个问题。

打开 Jupyter Notebook，新建 Python 代码文档，在单元中输入如下代码。

```
import numpy as np          #导入NumPy函数包并指定导入包的别名为np
from sklearn import datasets   #导入包中的数据
from sklearn.naive_bayes import GaussianNB  #导入高斯朴素贝叶斯算法
```

首先定义 3 个变量，分别为 iris、x、y。其中，iris 为 load_iris 测试数据；x 为数据 iris 的前 4 项属性，即花萼长度、花萼宽度、花瓣长度、花瓣宽度；y 为数据 iris 的第 5 项属性，即花的类型，其中 0 表示 setosa，1 表示 versicolor，2 表示 virginica，具体代码如下。

```
iris = datasets.load_iris()   #load_iris是sklearn的测试数据，在这里
用来做高斯朴素贝叶斯算法的数据
#变量x为数据iris的前4项属性，即花萼长度、花萼宽度、花瓣长度、花瓣宽度
x = iris.data
#变量y为数据iris的第5项属性,即花的类型,其中0表示setosa,1表示
versicolor,2表示virginica
y = iris.target
```

接下来调用高斯朴素贝叶斯分类器进行训练，其中 x、y 分别为训练集和训练集的标签，具体代码如下。

```
#调用高斯朴素贝叶斯分类器
clf=GaussianNB()
#进行训练，其中x、y分别为训练集和训练集的标签
clf.fit(x,y)
```

最后自定义一个数据变量，并利用高斯朴素贝叶斯分类器判断该数据属于哪种花的类型，具体代码如下。

```
#变量data为numpy数据
data=np.array([6,4,6,2])
#预测data数据属于花的哪个类型
print(clf.predict(data.reshape(1,-1)))
```

单击工具栏中的"运行"按钮，可以看到代码运行结果如图 13.23 所示。

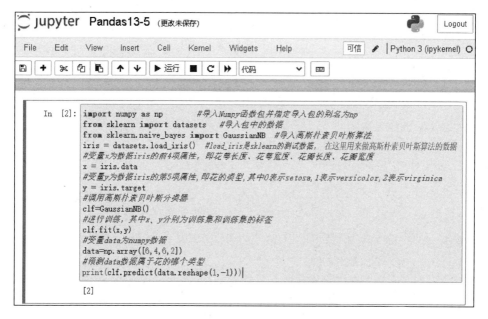

图 13.23　预测 data 数据属于花的哪个类型的代码运行结果

在这里可以看到 data 数据为[6,4,6,2]，结果为 2，表示属于维吉尼亚鸢尾类型。

下面再来预测 iris 中第 1 个数据、第 60 个数据、第 140 个数据分别属于哪种花的类型，具体代码如下。

```
print("预测iris中第1个数据、第60个数据、第140个数据分别属于哪种花的类型")
#预测iris中第1个数据属于花的哪个类型
print(clf.predict(iris.data[0].reshape(1,-1)))
#预测iris中第60个数据属于花的哪个类型
print(clf.predict(iris.data[59].reshape(1,-1)))
#预测iris中第140个数据属于花的哪个类型
print(clf.predict(iris.data[139].reshape(1,-1)))
```

单击工具栏中的"运行"按钮，可以看到代码运行结果如图 13.24 所示。

在这里可以看到，预测 iris 中第 1 个数据为 0，表示 setosa；第 60 个数据为 1，表示 versicolor；第 140 个数据为 2，表示 virginica。与 iris 中的实际数据对比，会发现预测结果都正确。

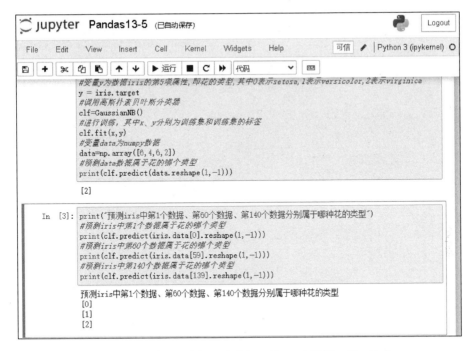

图 13.24　预测 iris 中第 1 个数据、第 60 个数据、第 140 个
数据分别属于哪种花的类型的代码运行结果

13.7.5　多项式分布朴素贝叶斯模型实现实例

多项式分布朴素贝叶斯模型常用于文本分类，特征是单词，值是单词的出现次数。

打开 Jupyter Notebook，新建 Python 代码文档，在单元中输入如下代码。

```
#导入 NumPy 函数包并指定导入包的别名为 np
import numpy as np
#导入多项式分布朴素贝叶斯算法
from sklearn.naive_bayes import MultinomialNB
```

首先定义变量 X，并为其赋值为 9 行 80 列的二维数组，数组中元素为 0~9 之间的随机数，具体代码如下。

```
X = np.random.randint(10, size=(9, 80))
print(X)
```

单击工具栏中的"运行"按钮，可以看到代码运行结果如图 13.25 所示。

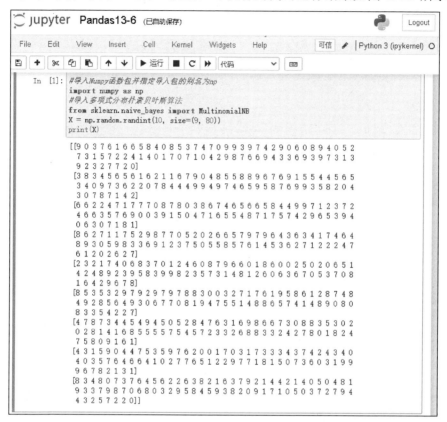

图 13.25 查看二维数组中数据的代码运行结果

然后定义变量 y，并为其赋值为一维数组，数组元素为 1～9 之间的随机数。接着调用多项式分布朴素贝叶斯分类器进行训练，其中 X、y 分别为训练集和训练集的标签，具体代码如下。

```
#变量 y 为一维数组,数组元素为 1~9
y = np.array([1, 2, 3, 4,5,6,7,8,9])
#调用多项式分布朴素贝叶斯分类器
clf = MultinomialNB()
#进行训练,其中 X、y 分别为训练集和训练集的标签
clf.fit(X, y)
```

多项式分布朴素贝叶斯算法的语法格式如下。

```
MultinomialNB(alpha=1.0, class_prior=None, fit_prior=True)
```

语法中各项参数的意义如下。

（1）alpha：平滑参数，默认值为 1（0 表示没有平滑）。

（2）class_prior：是否指定类的先验概率。

（3）fit_prior：是否要学习类的先验概率，如果为假（False），则使用统一先验概率。

最后预测数据并显示预测准确率，具体代码如下。

```
#预测 X[4:5]的标签,即属于第几行
print(clf.predict(X[4:5]))
#显示预测准确率
print("预测准确率:" + str(clf.score(X,y)))
```

单击工具栏中的"运行"按钮，可以看到代码运行结果如图 13.26 所示。

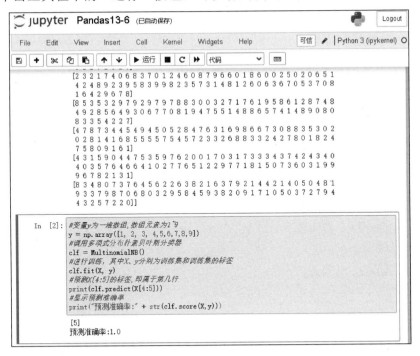

图 13.26　预测数据并显示预测准确率的代码运行结果

在这里可以看到，预测数据 X[4:5]属于第 5 行，这与实际情况一致，即预测正确，并且在这里可以看到预测准确率为 100%（1.0）。

13.7.6　伯努力朴素贝叶斯模型实现实例

在伯努力朴素贝叶斯模型中，每个特征的取值都是布尔型的，即 True 和 False，或者 1 和 0。

打开 Jupyter Notebook，新建 Python 代码文档，在单元中输入如下代码。

```
import numpy as np                        #导入NumPy函数包并指定导入包的别名为np
from sklearn import datasets              #导入包中的数据
from sklearn.naive_bayes import BernoulliNB   #导入伯努力朴素贝叶斯算法
```

首先定义 3 个变量，分别为 iris、x、y。其中，iris 为 load_iris 测试数据；x 为数据 iris 的前 4 项属性，即花萼长度、花萼宽度、花瓣长度、花瓣宽度；y 为数据 iris 的第 5 项属性，即花的类型，其中 0 表示 setosa，1 表示 versicolor，2 表示 virginica。

```
#load_iris是sklearn的测试数据，在这里用来做伯努力朴素贝叶斯算法的数据
iris = datasets.load_iris()
#变量x为数据iris的前4项属性，即花萼长度、花萼宽度、花瓣长度、花瓣宽度
x = iris.data
#变量 y 为数据 iris 的第 5 项属性,即花的类型,其中 0 表示 setosa,1 表示
versicolor,2 表示 virginica
y = iris.target
```

接下来调用伯努力朴素贝叶斯分类器进行训练，其中 x、y 分别为训练集和训练集的标签，具体代码如下。

```
#调用伯努力朴素贝叶斯分类器
clf= BernoulliNB()
#进行训练，其中x、y分别为训练集和训练集的标签
clf.fit(x,y)
```

伯努力朴素贝叶斯算法的语法格式如下。

```
BernoulliNB(alpha=1.0, binarize=0.0, class_prior=None, fit_prior=True)
```

伯努力朴素贝叶斯算法有 4 个参数，其中，alpha、class_prior、fit_prior 与多项式分布朴素贝叶斯算法一样，这里不再重复介绍。参数 binarize 是二值

化的阈值，若其值为 None，则假设输入由二进制向量组成。

预测 iris 中第 1 个数据、第 80 个数据分别属于哪种花的类型，最后显示预测准确率，具体代码如下。

```
#预测 iris 中第 1 个数据属于花的哪个类型
print(clf.predict(iris.data[0].reshape(1,-1)))
#预测 iris 中第 80 个数据属于花的哪个类型
print(clf.predict(iris.data[79].reshape(1,-1)))
print("预测准确率:" + str(clf.score(x,y)))
```

单击工具栏中的"运行"按钮，可以看到代码运行结果如图 13.27 所示。

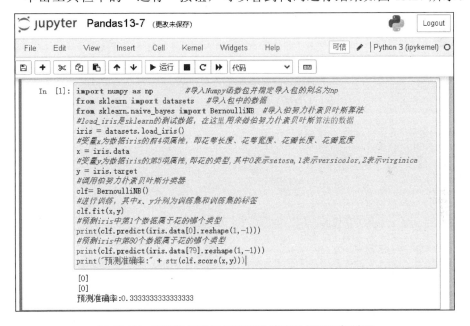

图 13.27　预测数据并显示预测准确率的代码运行结果

在这里可以看到，预测 iris 中第 1 个数据为 0 表示 setosa，第 80 个数据为 0 表示 setosa。将预测结果与 iris 中的实际数据进行对比，会发现预测 iris 中第 1 个数据正确，而预测 iris 中第 80 个数据错误。最后可以看到预测准确率为 33.33%。

第 14 章

14

Pandas 的时间序列数据

时间序列数据是指在时间间隔不变的情况下收集的时间点数据，这些数据可以分析事物的长期发展趋势，并对未来进行预测，在经济数据中大多以时间序列的形式给出。时间序列中的时间可以是年份、季度、月份或其他形式。

本章主要内容包括：

✓ date_range()方法及参数。

✓ 利用 date_range()方法创建时间序列实例。

✓ 时间戳对象。

✓ 时间类型与字符串型的转换。

✓ 时间序列数据的提取。

✓ 时间序列数据的筛选。

✓ 时间序列数据的重采样。

✓ 时间序列数据的滑动窗口。

✓ 时间序列数据的朴素预测法。

✓ 时间序列数据的简单平均预测法。

✓ 时间序列数据的移动平均预测法。

✓ 时间序列数据的简单指数平滑预测法。

✓　时间序列数据的霍尔特线性趋势预测法。

✓　时间序列数据的 Holt-Winters 季节性预测法。

✓　时间序列数据的自回归移动平均预测法。

14.1　Pandas时间序列的创建

在 Pandas 中，有两种创建时间序列的方法，分别是 date_range()方法和时间戳对象，下面进行具体讲解。

14.1.1　date_range()方法及参数

date_range()方法的语法格式如下。

```
date_range(start=None, end=None, periods=None, freq=None, tz=None,
normalize=False, name=None, closed=None, **kwargs)
```

语法中各参数的意义如下。

（1）start：指定生成时间序列的开始时间。

（2）end：指定生成时间序列的结束时间。

（3）periods：指定生成时间序列的数量。

（4）freq：指定生成时间序列的频率，默认为"D"（天），可以是"Y"（年）、"M"（月）、"10D"（10 天）、"H"（时）、"5H"（5 个小时）、"T"（分钟）、"S"（秒）等。

（5）tz：返回本地化的 DatetimeIndex 的时区名称。

（6）normalize：将开始/结束时间标准化为午夜，然后生成日期范围。

（7）name：用来设置生成 DatetimeIndex 的名称。

（8）closed：用来设置是否包含开始和结束时间，取值为 left 包含开始时间，不包含结束时间，取值为 right 则与 left 相反。默认为同时包含开始时间和结束时间。

需要注意的是，该函数调用时至少要指定参数 start、end、periods 中的两个。

14.1.2　利用 date_range()方法创建时间序列实例

下面通过具体实例讲解利用 date_range()方法创建时间序列的方法。

打开 Jupyter Notebook，新建 Python 代码文档，在单元中输入如下代码。

```
import pandas  as pd
myt1 = pd.date_range(start='2021-12-10',end='2021-12-21')
display(myt1)
```

在这里创建一个时间序列，开始时间为 2021 年 12 月 10 日，结束时间为 2021 年 12 月 21 日，频率默认为天。

单击工具栏中的"运行"按钮，可以看到代码运行结果如图 14.1 所示。

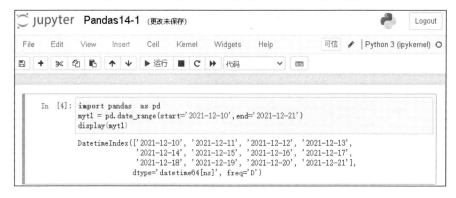

图 14.1　利用 date_range()方法创建时间序列的代码运行结果

创建频率为月的时间序列，实现代码如下。

```
myt2 = pd.date_range(start='2021-12-10',periods=11,freq='M')
display(myt2)
```

单击工具栏中的"运行"按钮，可以看到代码运行结果如图 14.2 所示。

创建频率为 5 分钟的时间序列，实现代码如下。

```
myt3 = pd.date_range(start='2021-12-10 12:15:36',periods=11,freq='5T')
display(myt3)
```

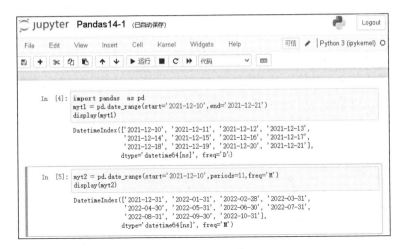

图 14.2　创建频率为月的时间序列的代码运行结果

单击工具栏中的"运行"按钮，可以看到代码运行结果如图 14.3 所示。

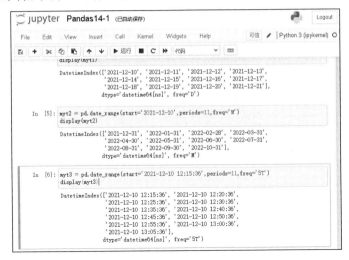

图 14.3　创建频率为 5 分钟的时间序列的代码运行结果

14.1.3　时间戳对象

时间戳（Timestamp）对象的定位相当于 Python 标准库中的 datetime，在创建时间戳对象时可接受日期字符串、时间戳数值或分别指定年月日时分秒等参数，仅能生成单一时间点。其优点是 Timestamp 类提供了丰富的时间处理接口，如日期加减、属性提取等。

下面利用时间戳对象的构造方法 Timestamp()创建单一时间点，即 2021 年 12 月 15 日 0 时 0 分 0 秒。

打开 Jupyter Notebook，新建 Python 代码文档，在单元中输入如下代码。

```
import pandas  as pd
myt1 =pd.Timestamp('2021-12-15')
display(myt1)
```

单击工具栏中的"运行"按钮，可以看到代码运行结果如图 14.4 所示。

图 14.4　利用 Timestamp()方法创建单一时间点的代码运行结果

创建当前日期的某一时间点，实现代码如下。

```
myt2 =pd.Timestamp('5:06:32')
display(myt2)
```

如果没有写具体日期，只写小时、分钟和秒，会显示当前日期的具体时间点。

单击工具栏中的"运行"按钮，可以看到代码运行结果如图 14.5 所示。

图 14.5　创建当前日期的某一时间点的代码运行结果

14.2　时间类型与字符串型的转换

在实际数据分析应用中，与时间类型相互转换最多的应该就是字符串型了，这是最为常用也最为经典的时间转换需求，Pandas 也具有该功能。

在 Pandas 中，把字符串型转化为时间类型使用的方法是 to_datetime()；把时间类型转化为字符串型使用的方法是 astype()。

打开 Jupyter Notebook，新建 Python 代码文档，在单元中输入如下代码。

```
import pandas as pd
myts1=pd.DataFrame({'A':[1,2,3,4,5,6],'B':['10:12:05','10:12:06'
,'10:12:07','10:12:08','10:12:09','10:12:10']},
index=pd.date_range(start='10:12:05',periods=6,freq='S'))
print(myts1)
```

DateFrame 数据表的索引为时间序列，该表有两列，分别是 A 和 B。

单击工具栏中的"运行"按钮，显示 DateFrame 数据表数据信息如图 14.6 所示。

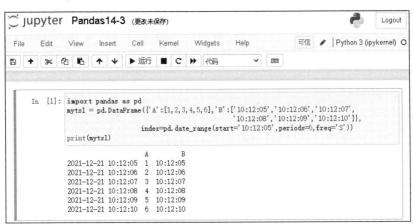

图 14.6　DateFrame 数据表数据信息

下面来看一下 DateFrame 数据表的字段信息，实现代码如下。

```
myts1.info()
```

单击工具栏中的"运行"按钮，可以看到代码运行结果如图 14.7 所示。

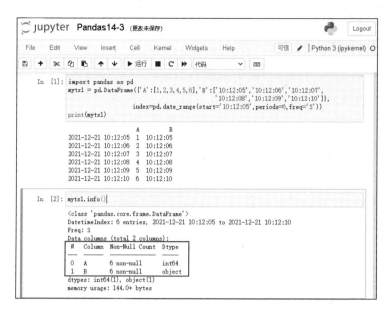

图 14.7　查看 DateFrame 数据表字段信息的代码运行结果

下面把 B 列中的字符串型转化为时间类型，实现代码如下。

```
myts1.B=pd.to_datetime(myts1.B)
display(myts1)
```

单击工具栏中的"运行"按钮，可以看到代码运行结果如图 14.8 所示。

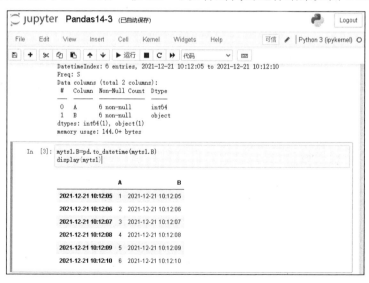

图 14.8　把 B 列中的字符串型转化为时间类型的代码运行结果

把 DateFrame 数据表中的索引改为字符串型，即把时间类型转化为字符串型，实现代码如下。

```
print('把索引中的时间转化为字符串型：',myts1.index.time.astype(str))
print('把索引中的日期转化为字符串型：',myts1.index.date.astype(str))
```

单击工具栏中的"运行"按钮，可以看到代码运行结果如图 14.9 所示。

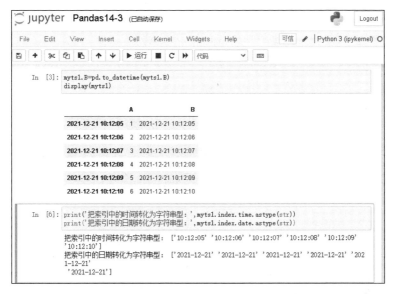

图 14.9　把 DateFrame 数据表中的索引改为字符串型的代码运行结果

14.3　时间序列数据的操作技巧

下面来讲解时间序列数据的操作技巧，即时间序列数据的提取、筛选、重采样及滑动窗口。

14.3.1　时间序列数据的提取

时间序列数据的常用属性及意义如下。

（1）year：时间中的年份。

（2）month：时间中的月份。

（3）day：时间中的日期。

（4）hour：时间中的小时。

（5）minute：时间中的分钟。

（6）second：时间中的秒。

（7）dayofweek：一周中的第几天。

（8）weekofyear：一年中的第几周。

（9）quarter：一年中的第几季度。

（10）is_leap_year：是否是闰年。

（11）is_month_start：是否是月初第一天。

（12）is_month_end：是否是月末最后一天。

（13）is_quarter_start：是否是季度的第一天。

（14）is_quarter_end：是否是季度的最后一天。

（15）is_year_start：是否是年初第一天。

（16）is_year_end：是否是年末最后一天。

打开 Jupyter Notebook，新建 Python 代码文档，在单元中输入如下代码。

```
import pandas  as pd
mytt1 =pd.Timestamp('2021-12-21 11:16:42')
display(mytt1)
```

单击工具栏中的"运行"按钮，可以看到创建单一时间点的效果如图 14.10 所示。

图 14.10　创建单一时间点的效果

下面格式化显示该日期时间，实现代码如下。

```
print('显示的日期时间是：',mytt1.year,'年',mytt1.month,'月',mytt1.day,'日',mytt1.hour,'时',mytt1.minute,'分',mytt1.second,'秒')
```

单击工具栏中的"运行"按钮，可以看到代码运行结果如图 14.11 所示。

图 14.11　格式化显示该日期时间的代码运行结果

接下来查看显示的日期是一周中的第几天、一年中的第几周和第几季度，实现代码如下。

```
print('一周中的第几天:',mytt1.dayofweek)
print('一年中的第几周:',mytt1.weekofyear)
print('一年中的第几季度:',mytt1.quarter)
```

单击工具栏中的"运行"按钮，可以看到代码运行结果如图 14.12 所示。

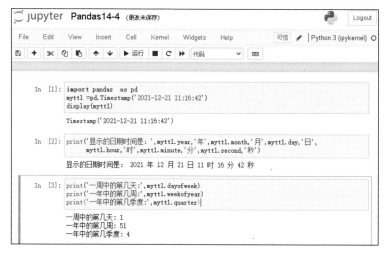

图 14.12　查看日期是一周中的第几天、一年中的第几周和第几季度的代码运行结果

显示日期是否是闰年、月初第一天、季度的最后一天、年初第一天，实现代码如下。

```
if mytt1.is_leap_year :
    print('显示的日期是闰年!')
else :
    print('显示的日期不是闰年!')
if mytt1.is_month_start :
    print('显示的日期是月初第一天!')
else :
    print('显示的日期不是月初第一天!')
if mytt1.is_quarter_end :
    print('显示的日期是季度最后一天!')
else :
    print('显示的日期不是季度最后一天!')
if mytt1.is_year_start :
    print('显示的日期是年初第一天!')
else :
    print('显示的日期不是年初第一天!')
```

单击工具栏中的"运行"按钮，可以看到代码运行结果如图 14.13 所示。

图 14.13　显示日期是否是闰年、月初第一天、季度的最后一天、
年初第一天的代码运行结果

14.3.2　时间序列数据的筛选

时间序列数据的筛选有 3 种方法，分别是索引模糊匹配、truncate()方法和 between()方法，下面通过具体实例进行讲解。

打开 Jupyter Notebook，新建 Python 代码文档，在单元中输入如下代码。

```
import pandas as pd
import numpy as np
mys1 = pd.DataFrame(np.random.randint(10, 1000,size=(100,6)),
                columns=['A', 'B', 'C','D','E','F'],
                index=pd.date_range('2021-12-20 10:15:16', periods=
100,freq='20T'))
print(mys1)
```

单击工具栏中的"运行"按钮，显示 DateFrame 数据表数据信息如图 14.14 所示。

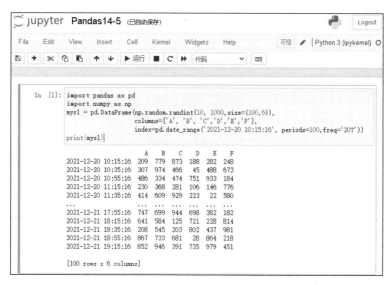

图 14.14　DateFrame 数据表数据信息

在这里创建了一个 100 行 6 列的数据表，该表的索引为日期，日期的频率为 20 分钟。

下面通过索引模糊匹配来筛选 2021 年 12 月 20 日 10 时到 12 时的数据信

息，实现代码如下。

```
mys1['2021-12-20 10':'2021-12-20 12']
```

单击工具栏中的"运行"按钮，可以看到代码运行结果如图 14.15 所示。

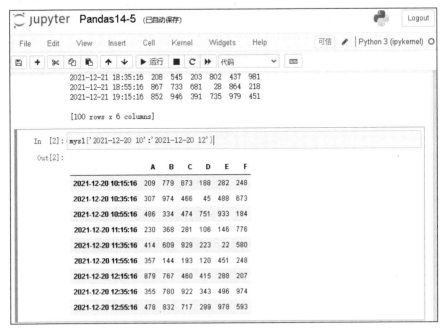

图 14.15　通过索引模糊匹配来筛选 2021 年 12 月 20 日 10 时到 12 时的数据信息的代码运行结果

接下来利用 truncate()方法来筛选 2021 年 12 月 20 日 10 时 10 分到 11 时 50 分的数据信息，实现代码如下。

```
mys1.truncate(before='2021-12-20 10:10:00',after='2021-12-20 11:50:00')
```

单击工具栏中的"运行"按钮，可以看到代码运行结果如图 14.16 所示。

下面利用 between()方法显示 2021 年 12 月 20 日 10 时 15 分 30 秒到 11 时 15 分 30 秒的数据信息。

需要注意的是，要使用 between()方法，需要先重置索引，实现代码如下。

```
mys1=mys1.reset_index()
display(mys1)
```

重置索引的目的是增加索引列，即增加一个 index 列。

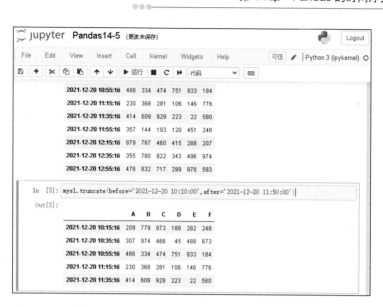

图 14.16　利用 truncate() 方法来筛选 2021 年 12 月 20 日 10 时 10 分
到 11 时 50 分的数据信息的代码运行结果

单击工具栏中的"运行"按钮，可以看到代码运行结果如图 14.17 所示。

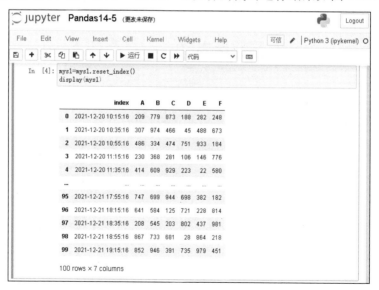

图 14.17　重置索引代码运行结果

接下来，就可以利用 between() 方法筛选数据信息了，实现代码如下。

```
mys1[mys1['index'].between('2021-12-20 10:15:30','2021-12-20 11:15:30')]
```

单击工具栏中的"运行"按钮，可以看到代码运行结果如图 14.18 所示。

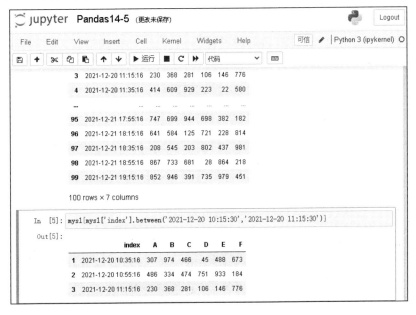

图 14.18　利用 between()方法筛选数据信息的代码运行结果

14.3.3　时间序列数据的重采样

时间序列数据的重采样是一种对原样本重新处理的方法，是对常规时间序列数据重新采样和频率转换的便捷方法。重采样分两种，分别是降采样和升采样。降采样是指高频数据到低频数据；升采样是指低频数据到高频数据。

在 Pandas 中，可以利用 resample()方法来实现重采样，下面通过具体实例进行讲解。

打开 Jupyter Notebook，新建 Python 代码文档，在单元中输入如下代码。

```
import pandas as pd
import numpy as np
index =pd.date_range('2021-12-20 00:00:00', periods=10,freq='2T')
myse1 = pd.Series(range(10), index=index)
display(myse1)
```

单击工具栏中的"运行"按钮，显示 Series 序列数据如图 14.19 所示。

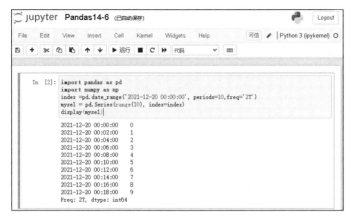

图 14.19　Series 序列数据

下面来降采样，即把采样频率降低为 4 分钟，实现代码如下。

```
mysel.resample('4T').sum()
```

单击工具栏中的"运行"按钮，可以看到代码运行结果如图 14.20 所示。

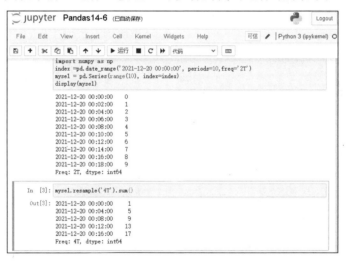

图 14.20　将采样频率降低为 4 分钟的代码运行结果

采样频率降低为 4 分钟，同时将每个标签使用 right 来代替 left。例如，9:30～9:35 会被标记成 9:30 还是 9:35，默认为 left，即标记为 9:30；如果改为 rigth，则标记为 9:35，实现代码如下。

```
mysel.resample('4T',label='right').sum()
```

单击工具栏中的"运行"按钮，可以看到代码运行结果如图 14.21 所示。

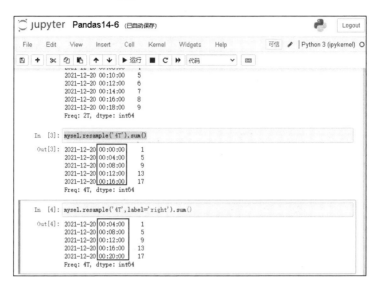

图 14.21　每个标签使用 right 来代替 left 的代码运行结果

采样频率降低为 4 分钟，同时将每个标签使用 right 来代替 left，并且关闭 right 区间。注意：关闭哪个区间，哪个区间就是闭区间，即包括该区间，实现代码如下。

```
mysel.resample('4T',label='right',closed='right').sum()
```

单击工具栏中的"运行"按钮，可以看到代码运行结果如图 14.22 所示。

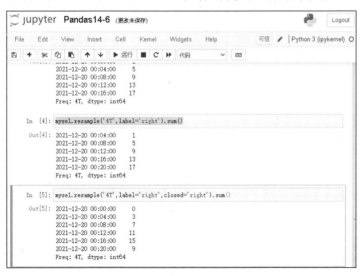

图 14.22　每个标签使用 right 来代替 left 且关闭 right 区间的代码运行结果

将采样频率升高为 1 分钟，可以利用 asfreq()方法查看采样后的结果，实现代码如下。

```
myse1.resample('1T').asfreq()
```

单击工具栏中的"运行"按钮，可以看到代码运行结果如图 14.23 所示。

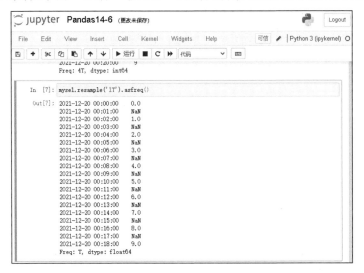

图 14.23　将采样频率升高为 1 分钟的代码运行结果

需要注意，升高采样频率后产生了缺失值。如果想要填充缺失值，可以采用向后填充的 bfill()方法或向前填充的 ffill()方法。

向后填充的 bfill()方法的代码如下。

```
myse1.resample('1T').bfill()
```

向前填充的 ffill()方法的代码如下。

```
myse1.resample('1T').ffill()
```

14.3.4　时间序列数据的滑动窗口

实现时间序列数据的滑动窗口主要有 3 种方法，分别是 shift()方法、diff()方法和 rolling()方法。shift()方法可以实现向前或向后取值；diff()方法可以实现向前或向后去差值；rolling()方法可以实现在一段滑动窗口内聚合取值。

下面通过具体实例讲解时间序列数据的滑动窗口的使用方法。

打开 Jupyter Notebook，新建 Python 代码文档，在单元中输入如下代码。

```
import pandas as pd
import numpy as np
myse1 = pd.DataFrame(np.random.randint(100, 1000,size=(96,6)),
            columns=['A', 'B', 'C','D','E','F'],
            index=pd.date_range('2021-12-20          10:00:00',
periods=96,freq='5T'))
    print(myse1)
```

单击工具栏中的"运行"按钮，显示 DataFrame 数据表数据信息如图 14.24 所示。

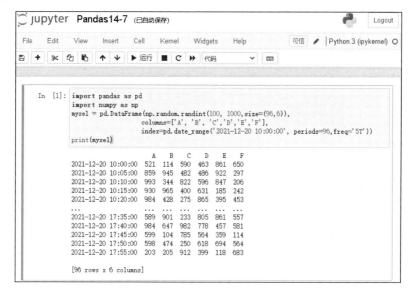

图 14.24　DataFrame 数据表数据信息

为了便于比较，利用 head()方法显示前 5 条数据信息，实现代码如下。

```
myse1.head()
```

单击工具栏中的"运行"按钮，可以看到代码运行效果如图 14.25 所示。

下面利用 shift()方法移动数据，还可以利用该方法指定数据移动的步幅，可以为正，也可以为负，实现代码如下。

```
myse1.shift(1).head()
```

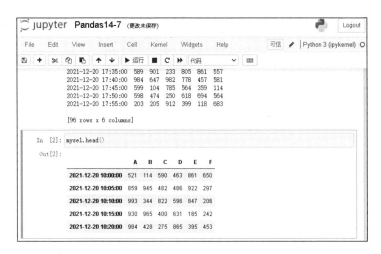

图 14.25　利用 head()方法显示前 5 条数据信息的代码运行结果

上述代码中的 shift(1)，其中，1 就是 period 参数的值，如果 period 参数为正值，数据列就会向后滑动；如果为负值，数据列就会向前滑动。

单击工具栏中的"运行"按钮，可以看到代码运行结果如图 14.26 所示。

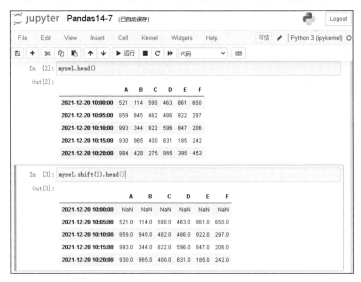

图 14.26　利用 shift()方法移动数据的代码运行结果

还可以利用 freq 参数来设置向后滑动一段时间后再取值。在这里设置 freq=5T，即向后滑动 5 分钟后再取值，实现代码如下。

```
mysel.shift(1,freq='5T').head()
```

单击工具栏中的"运行"按钮，可以看到代码运行结果如图 14.27 所示。

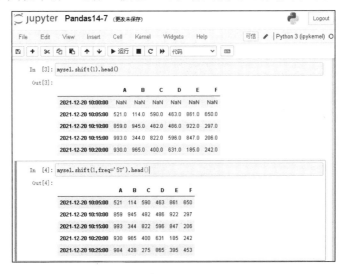

图 14.27　向后滑动 5 分钟后再取值的代码运行结果

下面利用 diff()方法实现窗口滑动，实现代码如下。

```
myse1.diff(1).head()
```

该代码实现功能与(myse1-myse1.shift(1)).head()功能相同。

单击工具栏中的"运行"按钮，可以看到代码运行结果如图 14.28 所示。

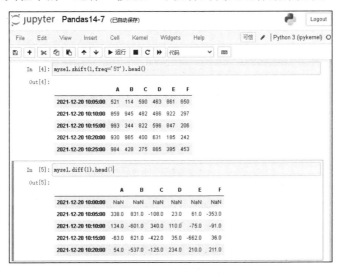

图 14.28　利用 diff()方法实现窗口滑动的代码运行结果

下面利用 rolling() 方法实现窗口滑动，实现代码如下。

```
myse1.rolling(window=3).mean().head()
```

利用 myse1+diff(1).head() 实现的功能与 myse1 减去 myse1.shift(1) 后再调用 head() 实现的功能相同。该代码实现功能与 ((myse1+myse1.shift(1)+myse1.shift(2))/3).head() 功能相同。

单击工具栏中的"运行"按钮，可以看到代码运行结果如图 14.29 所示。

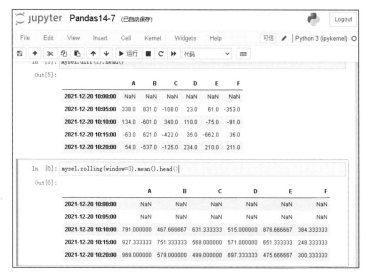

图 14.29　利用 rolling() 方法实现窗口滑动的代码运行结果

14.4　时间序列数据的预测

在实际生活中，我们常常对时间序列数据进行预测，下面进行详细讲解。

14.4.1　时间序列数据的准备

打开 Jupyter Notebook，新建 Python 代码文档，在单元中输入如下代码。

```
import pandas as pd
mydf = pd.read_csv('train.csv')
display(mydf)
```

在这里利用 read_csv()方法读取"train.csv"文件中的数据。

单击工具栏中的"运行"按钮，显示"train.csv"文件中的数据如图 14.30 所示。

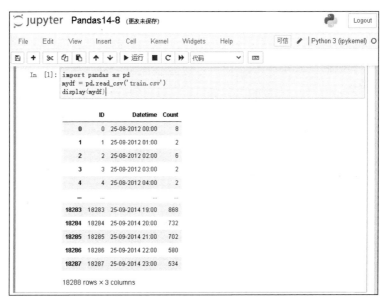

图 14.30　"train.csv"文件中的数据

该数据是某宾馆从 2012 年到 2014 年期间每小时入住的顾客数量信息。为了解释每种方法的不同之处，以天为单位构造和聚合了一个数据集。从 2012 年 8 月到 2013 年 12 月的数据中构造一个数据集。创建"train and test"文件用于建模。前 15 个月（2012 年 8 月—2013 年 10 月）用作训练数据，后两个月（2013 年 11 月—2013 年 12 月）用作测试数据。

训练数据和测试数据的可视化图形的实现代码如下。

```
import pandas as pd
import matplotlib.pyplot as plt
#中文乱码的处理
plt.rcParams['font.sans-serif'] =['Microsoft YaHei']
df = pd.read_csv('train.csv', nrows=11856)
train = df[0:10392]       #训练数据集
test = df[10392:]         #测试数据集
#转换"Datetime"的格式，并设为索引
```

```
df['Timestamp'] = pd.to_datetime(df['Datetime'], format= '%d-%m-%Y %H:%M')
df.index = df['Timestamp']
df = df.resample('D').mean()
#训练数据
train['Timestamp'] = pd.to_datetime(train['Datetime'], format=
'%d-%m-%Y %H:%M')
train.index = train['Timestamp']
train = train.resample('D').mean()
#测试数据
test['Timestamp'] = pd.to_datetime(test['Datetime'], format=
'%d-%m-%Y %H:%M')
test.index = test['Timestamp']
test = test.resample('D').mean()
#绘制图形
train.Count.plot(figsize=(15,8), title= '每日顾客人数', fontsize=14)
test.Count.plot(figsize=(15,8), title= '每日顾客人数', fontsize=14)
plt.show()
```

单击工具栏中的"运行"按钮，可以看到代码运行结果如图 14.31 所示。

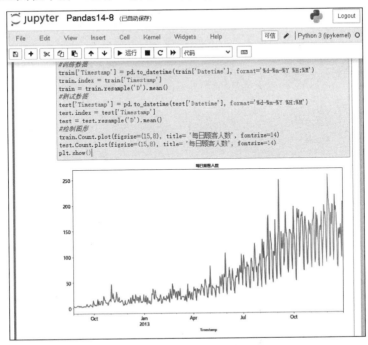

图 14.31　训练数据和测试数据的可视化图形的代码运行结果

在图形中，训练数据和测试数据是在一起的，这样可以看出在一段时间内数据是如何变化的。

14.4.2　时间序列数据的朴素预测法

如果时间序列数据集在一段时间内很稳定，我们想预测第二天的值，则可以取前一天的值来预测第二天的值。这种假设第一个预测点和上一个观察点相等的预测方法称为朴素预测法。下面通过实例介绍时间序列的朴素预测法的应用方法。

打开 Jupyter Notebook，新建 Python 代码文档，在单元中输入如下代码。

```python
import numpy as np
import pandas as pd
import matplotlib.pyplot as plt
#中文乱码的处理
plt.rcParams['font.sans-serif'] =['Microsoft YaHei']
df = pd.read_csv('train.csv', nrows=11856)
train = df[0:10392]      #训练数据集
test = df[10392:]        #测试数据集
#转换"Datetime"的格式，并设为索引
df['Timestamp'] = pd.to_datetime(df['Datetime'], format=
'%d-%m-%Y %H:%M')
df.index = df['Timestamp']
df = df.resample('D').mean()
#训练数据
train['Timestamp'] = pd.to_datetime(train['Datetime'], format=
'%d-%m-%Y %H:%M')
train.index = train['Timestamp']
train = train.resample('D').mean()
#测试数据
test['Timestamp'] = pd.to_datetime(test['Datetime'], format=
'%d-%m-%Y %H:%M')
test.index = test['Timestamp']
test = test.resample('D').mean()
dd = np.asarray(train['Count'])
y_hat = test.copy()
```

```
y_hat['naive'] = dd[len(dd) - 1]
plt.figure(figsize=(12, 8))
plt.plot(train.index, train['Count'], label='训练')
plt.plot(test.index, test['Count'], label='测试')
plt.plot(y_hat.index, y_hat['naive'], label='朴素预测法')
plt.legend(loc='best')
plt.title("朴素预测法")
plt.show()
```

单击工具栏中的"运行"按钮，可以看到代码运行结果如图 14.32 所示。

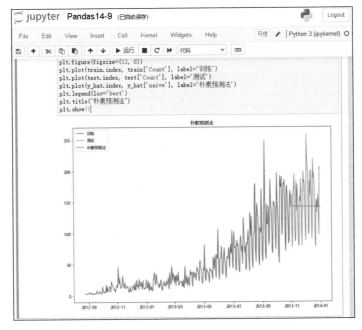

图 14.32　利用朴素预测法预测时间序列数据的代码运行结果

时间序列数据的朴素预测法并不适合变化很大的数据集，最适合稳定性很高的数据集。

14.4.3　时间序列数据的简单平均预测法

我们经常会遇到一些数据集，虽然在一定时期内出现小幅变动，但每个时间段的平均值却保持不变。在这种情况下，我们可以预测出第二天的数值大致和过去天数的平均值一致。这种将预期值等同于之前所有观测点平均值的预测方法称为简单平均预测法。

打开 Jupyter Notebook，新建 Python 代码文档，在单元中输入如下代码。

```python
import numpy as np
import pandas as pd
import matplotlib.pyplot as plt
#中文乱码的处理
plt.rcParams['font.sans-serif'] =['Microsoft YaHei']
df = pd.read_csv('train.csv', nrows=11856)
train = df[0:10392]        #训练数据集
test = df[10392:]          #测试数据集
#转换 "Datetime" 的格式，并设为索引
df['Timestamp'] = pd.to_datetime(df['Datetime'], format=
'%d-%m-%Y %H:%M')
df.index = df['Timestamp']
df = df.resample('D').mean()
#训练数据
train['Timestamp'] = pd.to_datetime(train['Datetime'], format=
'%d-%m-%Y %H:%M')
train.index = train['Timestamp']
train = train.resample('D').mean()
#测试数据
test['Timestamp'] = pd.to_datetime(test['Datetime'], format=
'%d-%m-%Y %H:%M')
test.index = test['Timestamp']
test = test.resample('D').mean()
dd = np.asarray(train['Count'])
y_hat_avg = test.copy()
y_hat_avg['avg_forecast'] = train['Count'].mean()
plt.figure(figsize=(12,8))
plt.plot(train['Count'], label='训练')
plt.plot(test['Count'], label='测试')
plt.plot(y_hat_avg['avg_forecast'], label='简单平均预测法')
plt.legend(loc='best')
plt.title("简单平均预测法")
plt.show()
```

单击工具栏中的"运行"按钮，可以看到代码运行结果如图 14.33 所示。

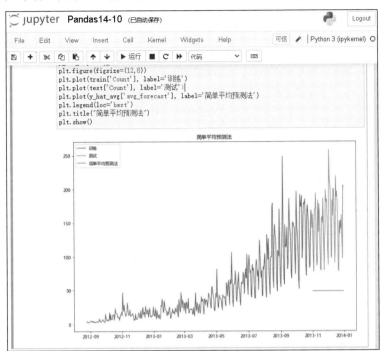

图 14.33　利用简单平均预测法预测时间序列数据的代码运行结果

我们用之前全部已知的值计算出它们的平均值，并将其作为要预测的下一个值。虽然该平均值可能不会很准确，但这种预测方法在某些情况下效果是最好的，即当每个时间段的平均值保持不变时，这种方法的效果才能达到最好。虽然朴素预测法的准确率高于简单平均预测法，但这并不意味着朴素预测法在所有的数据集上都比简单平均预测法好。

14.4.4　时间序列数据的移动平均预测法

我们经常会遇到这种数据集，比如价格或销售额在某段时间大幅上升或下降。如果这时用之前的简单平均预测法，就得使用所有先前数据的平均值，但在这里使用之前的所有数据是行不通的，因为开始阶段的价格值会大幅影响后面日期的预测值。因此，我们只取最近几个时期的价格平均值。很明显，这里的逻辑是最近的值更重要。这种用某些窗口期计算平均值的预测方法称为移动平均预测法。

打开 Jupyter Notebook，新建 Python 代码文档，在单元中输入如下代码。

```
import numpy as np
import pandas as pd
import matplotlib.pyplot as plt
#中文乱码的处理
plt.rcParams['font.sans-serif'] =['Microsoft YaHei']
df = pd.read_csv('train.csv', nrows=11856)
train = df[0:10392]      #训练数据集
test = df[10392:]          #测试数据集
#转换"Datetime"的格式，并设为索引
df['Timestamp'] = pd.to_datetime(df['Datetime'], format=
'%d-%m-%Y %H:%M')
df.index = df['Timestamp']
df = df.resample('D').mean()
#训练数据
train['Timestamp'] = pd.to_datetime(train['Datetime'], format=
'%d-%m-%Y %H:%M')
train.index = train['Timestamp']
train = train.resample('D').mean()
#测试数据
test['Timestamp'] = pd.to_datetime(test['Datetime'], format=
'%d-%m-%Y %H:%M')
test.index = test['Timestamp']
test = test.resample('D').mean()
dd = np.asarray(train['Count'])
y_hat_avg = test.copy()
y_hat_avg['moving_avg_forecast'] = train['Count'].rolling(60)
.mean().iloc[-1]
plt.figure(figsize=(16,8))
plt.plot(train['Count'], label='训练')
plt.plot(test['Count'], label='测试')
plt.plot(y_hat_avg['moving_avg_forecast'], label='移动平均预测法')
plt.legend(loc='best')
plt.title("移动平均预测法")
plt.show()
```

单击工具栏中的"运行"按钮，可以看到代码运行结果如图 14.34 所示。

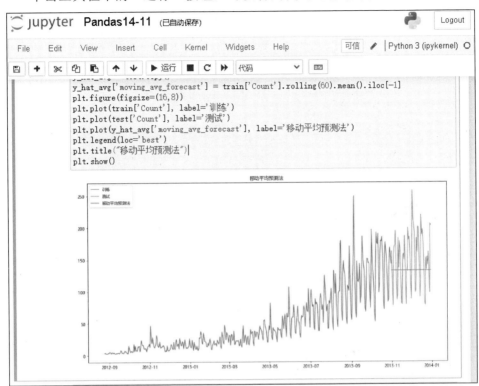

图 14.34　利用移动平均预测法预测时间序列数据的代码运行结果

14.4.5　时间序列数据的简单指数平滑预测法

简单平均预测法和移动平均预测法在选取时间点的思路方面存在较大的差异。我们就需要在这两种方法之间取一个折中的方法，在将所有数据考虑在内的同时也能给数据赋予不同的权重。例如，相比更早期的观测值，它会给近期的观测值赋予更大的权重。按照这种原则预测的方法称为简单指数平滑预测法。

打开 Jupyter Notebook，新建 Python 代码文档，在单元中输入如下代码。

```
import numpy as np
import pandas as pd
```

```
import matplotlib.pyplot as plt
from statsmodels.tsa.api import SimpleExpSmoothing  #导入简单指数平
滑模块
#中文乱码的处理
plt.rcParams['font.sans-serif'] =['Microsoft YaHei']
df = pd.read_csv('train.csv', nrows=11856)
train = df[0:10392]        #训练数据集
test = df[10392:]          #测试数据集
#转换 "Datetime" 的格式，并设为索引
df['Timestamp'] = pd.to_datetime(df['Datetime'], format=
'%d-%m-%Y %H:%M')
df.index = df['Timestamp']
df = df.resample('D').mean()
#训练数据
train['Timestamp'] = pd.to_datetime(train['Datetime'], format=
'%d-%m-%Y %H:%M')
train.index = train['Timestamp']
train = train.resample('D').mean()
#测试数据
test['Timestamp'] = pd.to_datetime(test['Datetime'], format=
'%d-%m-%Y %H:%M')
test.index = test['Timestamp']
test = test.resample('D').mean()
dd = np.asarray(train['Count'])
y_hat_avg = test.copy()
#调用简单指数平滑函数处理数据
fit = SimpleExpSmoothing(np.asarray(train['Count'])).fit
(smoothing_level=0.6, optimized=False)
y_hat_avg['SES'] = fit.forecast(len(test))
plt.figure(figsize=(16, 8))
plt.plot(train['Count'], label='训练')
plt.plot(test['Count'], label='测试')
plt.plot(y_hat_avg['SES'], label='简单指数平滑预测法')
plt.legend(loc='best')
plt.title("简单指数平滑预测法")
plt.show()
```

单击工具栏中的"运行"按钮，可以看到代码运行结果如图 14.35 所示。

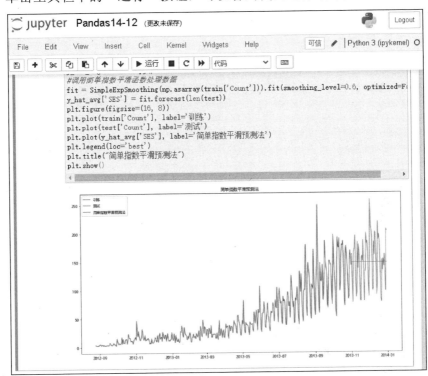

图 14.35　利用简单指数平滑预测法预测时间序列数据的代码运行结果

14.4.6　时间序列数据的霍尔特线性趋势预测法

我们经常会遇到这种数据集，即价格或销售额在某段时间一直上涨。面对这种有趋势性变化的数据集，前面讲解的预测法都不太适用，这就要用到霍尔特（Holt）线性趋势预测法。

打开 Jupyter Notebook，新建 Python 代码文档，在单元中输入如下代码。

```
import numpy as np
import pandas as pd
import matplotlib.pyplot as plt
from statsmodels.tsa.api import Holt    #导入霍尔特线性趋势模块
#中文乱码的处理
```

```
plt.rcParams['font.sans-serif'] =['Microsoft YaHei']
df = pd.read_csv('train.csv', nrows=11856)
train = df[0:10392]                          #训练数据集
test = df[10392:]                            #测试数据集
#转换 "Datetime" 的格式，并设为索引
df['Timestamp'] = pd.to_datetime(df['Datetime'], format=
'%d-%m-%Y %H:%M')
df.index = df['Timestamp']
df = df.resample('D').mean()
#训练数据
train['Timestamp'] = pd.to_datetime(train['Datetime'], format=
'%d-%m-%Y %H:%M')
train.index = train['Timestamp']
train = train.resample('D').mean()
#测试数据
test['Timestamp'] = pd.to_datetime(test['Datetime'], format=
'%d-%m-%Y %H:%M')
test.index = test['Timestamp']
test = test.resample('D').mean()
dd = np.asarray(train['Count'])
y_hat_avg = test.copy()
#调用霍尔特线性趋势函数处理数据
fit = Holt(np.asarray(train['Count'])).fit(smoothing_level=0.3,
smoothing_trend=0.1)
y_hat_avg['Holt_linear'] = fit.forecast(len(test))
plt.figure(figsize=(16, 8))
plt.plot(train['Count'], label='训练')
plt.plot(test['Count'], label='测试')
plt.plot(y_hat_avg['Holt_linear'], label='霍尔特线性趋势预测法')
plt.legend(loc='best')
plt.title("霍尔特线性趋势预测法")
plt.show()
```

单击工具栏中的"运行"按钮，可以看到代码运行结果如图 14.36 所示。

霍尔特线性趋势预测法能够准确地显示出趋势，因此比前面的几种预测模型效果更好。

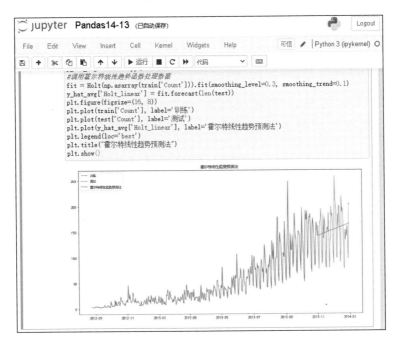

图 14.36　利用霍尔特线性趋势预测法预测时间序列数据的代码运行结果

14.4.7　时间序列数据的 Holt-Winters 季节性预测法

　　在应用 Holt-Winters 季节性预测法前，先介绍一个术语。假如有家酒店坐落在半山腰上，每年夏季的时候生意很好，顾客很多，但其余时间顾客很少。因此，夏季的收入会远高于其他季节，而且每年都是这样，那么这种重复现象叫作"季节性"。如果数据集在一定时间段内的固定区间内呈现相似的模式，那么该数据集就具有"季节性"。

　　前面讲解的预测方法没有考虑到数据集的"季节性"，因此我们需要一种能考虑这种因素的方法。应用到这种情况下的预测方法就叫作 Holt-Winters 季节性预测法，它是一种三次指数平滑预测，即水平平滑预测、趋势平滑预测和季节分量平滑预测。

　　打开 Jupyter Notebook，新建 Python 代码文档，在单元中输入如下代码。

```
import numpy as np
import pandas as pd
```

```
import matplotlib.pyplot as plt
from statsmodels.tsa.api import ExponentialSmoothing    #导入指数平滑
模块
    #中文乱码的处理
    plt.rcParams['font.sans-serif'] =['Microsoft YaHei']
    df = pd.read_csv('train.csv', nrows=11856)
    train = df[0:10392]        #训练数据集
    test = df[10392:]          #测试数据集
    #转换"Datetime"的格式，并设为索引
    df['Timestamp'] = pd.to_datetime(df['Datetime'], format=
'%d-%m-%Y %H:%M')
    df.index = df['Timestamp']
    df = df.resample('D').mean()
    #训练数据
    train['Timestamp'] = pd.to_datetime(train['Datetime'], format=
'%d-%m-%Y %H:%M')
    train.index = train['Timestamp']
    train = train.resample('D').mean()
    #测试数据
    test['Timestamp'] = pd.to_datetime(test['Datetime'],
format='%d-%m-%Y %H:%M')
    test.index = test['Timestamp']
    test = test.resample('D').mean()
    dd = np.asarray(train['Count'])
    y_hat_avg = test.copy()
    #调用指数平滑函数处理数据
    fit1 = ExponentialSmoothing(np.asarray(train['Count']), seasonal_
periods=7, trend='add', seasonal='add' ).fit()
    y_hat_avg['Holt_Winter'] = fit1.forecast(len(test))
    plt.figure(figsize=(16, 8))
    plt.plot(train['Count'], label='训练')
    plt.plot(test['Count'], label='测试')
    plt.plot(y_hat_avg['Holt_Winter'], label='Holt-Winters季节性预测法')
    plt.legend(loc='best')
    plt.title("Holt-Winters季节性预测法")
    plt.show()
```

单击工具栏中的"运行"按钮，可以看到代码运行结果如图 14.37 所示。

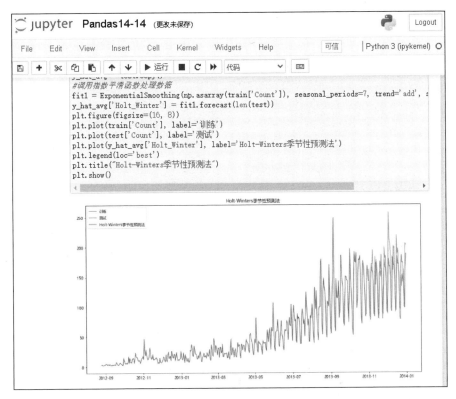

图 14.37　利用 Holt-Winters 季节性预测法预测时间序列数据的代码运行结果

14.4.8　时间序列数据的自回归移动平均预测法

Holt-Winters 季节性预测法是基于数据中的趋势和季节性的描述，而自回归移动平均预测法的作用是描述数据中彼此之间的关系，同时自回归移动平均预测法与 Holt-Winters 季节性预测法一样，也把数据集的季节性考虑在内。

打开 Jupyter Notebook，新建 Python 代码文档，在单元中输入如下代码。

```
import numpy as np
import pandas as pd
import matplotlib.pyplot as plt
import statsmodels.api as sm    #导入自回归移动平均模块
#中文乱码的处理
plt.rcParams['font.sans-serif'] =['Microsoft YaHei']
```

```
df = pd.read_csv('train.csv', nrows=11856)
train = df[0:10392]        #训练数据集
test = df[10392:]          #测试数据集
#转换 "Datetime" 的格式，并设为索引
df['Timestamp'] = pd.to_datetime(df['Datetime'], format=
'%d-%m-%Y %H:%M')
df.index = df['Timestamp']
df = df.resample('D').mean()
#训练数据
train['Timestamp'] = pd.to_datetime(train['Datetime'], format=
'%d-%m-%Y %H:%M')
train.index = train['Timestamp']
train = train.resample('D').mean()
#测试数据
test['Timestamp'] = pd.to_datetime(test['Datetime'], format=
'%d-%m-%Y %H:%M')
test.index = test['Timestamp']
test = test.resample('D').mean()
dd = np.asarray(train['Count'])
y_hat_avg = test.copy()
#调用自回归移动平均函数处理数据
fit1 = sm.tsa.statespace.SARIMAX(train.Count, order=(2, 1, 2),
seasonal_order=(0, 1, 1, 7)).fit()
y_hat_avg['SARIMA'] = fit1.predict(start="2013-11-1", end=
"2013-12-31", dynamic=True)
plt.figure(figsize=(16, 8))
plt.plot(train['Count'], label='训练')
plt.plot(test['Count'], label='测试')
plt.plot(y_hat_avg['SARIMA'], label='自回归移动平均预测法')
plt.legend(loc='best')
plt.title("自回归移动平均预测法")
plt.show()
```

单击工具栏中的"运行"按钮，可以看到代码运行结果如图 14.38 所示。

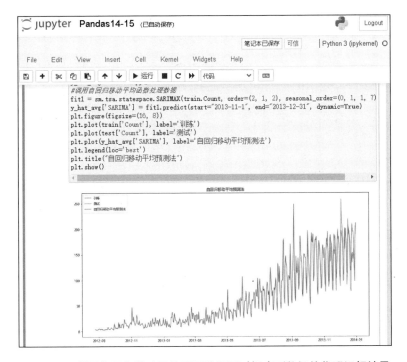

图 14.38　利用自回归移动平均预测法预测时间序列数据的代码运行结果